베키의 살 빠지는
전자레인지 레시피

일러두기

＊ **전자레인지 조리 시 꼭 지켜주세요!**

❶ 모든 요리는 내열 그릇 및 전자레인지용 그릇을 사용해야 합니다.

❷ 레시피 상단에 있는 조리 시간은 총 조리 시간을 나타냈습니다.

❸ 전자레인지 조리 시간은 700W를 기준으로 합니다. 1000W 조리 시 책에 있는 조리 시간에서 30초 덜 돌린 다음 기호에 맞게 추가 조리합니다.

❹ 뚜껑을 덮고 조리할 때는 반드시 뚜껑의 스팀홀을 열거나 비스듬하게 덮어서 돌립니다.

❺ 재료에 있는 상품명은 영양 성분 표시에 반영하기 위해 표기했습니다. 다른 재료를 사용하거나 양이 달라지면 영양 성분이 달라질 수 있으니 가급적 당 함량이 적은 제품을 사용하길 권장합니다.

베키의 살 빠지는

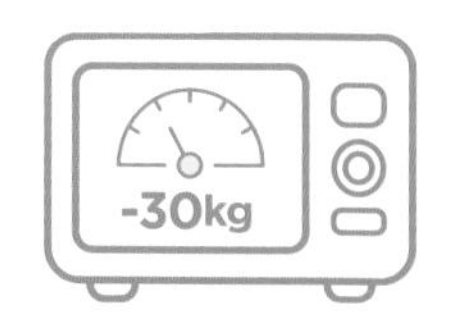

전자레인지 레시피

베키(김현경) 지음

프롤로그

나는 사람을 참 좋아한다. 좋아하는 사람들과 함께하는 시간은 언제나 즐겁지만, 그 순간마다 따라오는 술자리, 야식, 무리한 다이어트와 요요의 반복은 내 몸을 점점 무겁게 만들었다. 어느새 몸무게는 120kg을 넘어섰고, 몸무게만큼이나 건강의 적신호도 켜졌다.

결혼 후 임신을 준비하며 검진받았을 때, 다낭성 난소증후군과 자궁선근증을 진단받았다. 내 몸을 돌보지 않으면 앞으로도 건강한 삶을 유지하기 어려울 거란 사실이 와닿았고, 그때부터 진짜 '지속 가능한 다이어트'를 해야겠다고 결심했다. 여러 번의 실패 끝에 깨달은 건 단순했다. 건강한 감량을 위해서는 식단 관리가 필수이며, 무엇보다 혈당을 급격히 올리는 고탄수화물 식품을 피하는 것이 중요했다.

하지만 다이어트를 한다고 해서 극단적으로 탄수화물을 끊고, 단백질만 먹는 식단은 지속하기 어렵다. 다이어트는 단기간의 프로젝트가 아니라 평생 이어가야 하는 건강한 습관이기 때문이다. 그래서 탄수화물, 단백질, 지방, 식이섬유의 균형을 맞춘 완벽한 식단을 찾기 위해 고민하기 시작했다. 맛을 포기하지 않으면서도, 몸에 부담을 주지 않는 식단을 만들고 싶었다.

그 과정에서 자연스럽게 저당 레시피에 관심을 가지게 되었고, 오트밀, 단백질면, 또띠아 등을 활용한 고단백, 저당 식단을 연구했다. 단순히 '먹어야 해서'가 아니라, '맛있고 즐겁게' 먹을 수 있는 방법을 찾았고, 그렇게 완성된 나만의 레시피를 SNS에 기록하기 시작했다. 어느덧 35kg 이상을 감량했고, 근 손실 없이 체지방만 줄이는 건강한 다이어트에 성공했다.

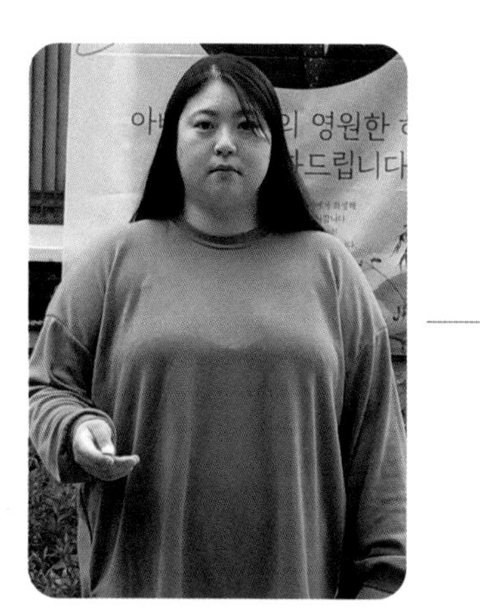

before

after

현실적으로, 다이어트를 한다고 매일같이 정성스레 요리할 수 있는 건 아니다. 나는 주말부부 생활을 하며 혼자 끼니를 해결해야 했고, 거창하게 차리는 것보다 빠르고 간편하게 식사를 준비할 수 있는 방법을 생각했다. 그래서 선택한 것이 바로 전자레인지이다. 처음엔 간단한 요리부터 시작했지만, 점점 다양한 메뉴가 가능하다는 걸 알게 되었고, 나중에는 대부분의 다이어트 식단을 전자레인지로 해결할 수 있게 되었다.

레시피를 따라 하던 팔로워들도 전자레인지 요리의 편리함에 공감하기 시작했다. 혼자 식사하는 다이어터, 육아로 바쁜 부모, 다이어트 도시락을 챙기는 직장인들까지. 누구나 쉽게 만들고 꾸준히 지속할 수 있는 레시피가 필요하다는 걸 확신했다.

이 책이 건강한 식단을 맛있고 간편하게 즐기고 싶은 모든 사람들에게 도움이 되길 바란다. 맛있는 음식을 포기하지 않고도 건강을 지킬 수 있다는 걸, 나처럼 많은 사람들이 경험하길 기대하며.

베키(김현경)

차례

Part 1 오트밀 레시피

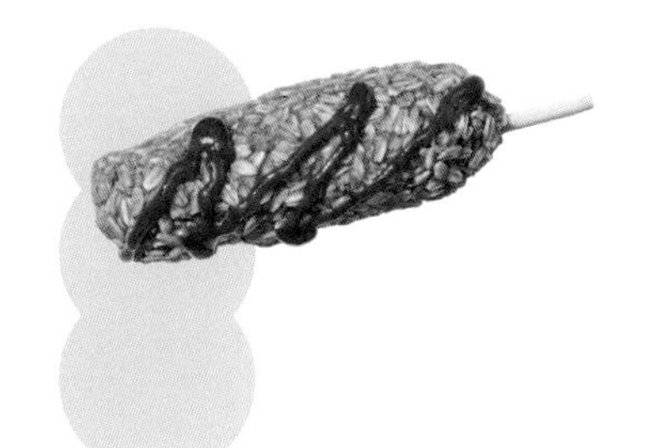

Part 2 또띠아 레시피

Part 3 면 레시피

Part 4 특식 레시피

베키표 전자레인지 다이어트 레시피 감량 후기

@diet_hyyo

일단 장점을 나열해 보자면 간단합니다. '파워 귀차니즘인' 제가 휘리릭 뚝딱합니다. 그냥 5분만 투자하면 건강식 완성! 둘째, 불 안 쓰는 거 정말 좋아요. **여름에 가스레인지 켜는 거 진짜 싫어서 여름만 되면 밥에 닭가슴살만 데워 먹었었는데 베키 님 레시피는 전자레인지로 거의 모든 요리가 가능해서 여름에도 식단하기 좋아요.** 셋째, 도시락으로도 가능해요. 재료 손질만해서 도시락에 담았다가 회사 전자레인지에 돌리면 점심이 해결되니 다이어트에도, 경제적으로도 좋아요. 넷째, 속이 편하고 가벼워요. 저녁을 과하게 먹으면 다음 날 새벽 수영할 때 기분이 좋지 않았는데, 간단하게 먹고 자니 몸이 가벼워요. 베키 님 레시피 따라 하고 저도 전자레인지 요리사가 되어 가고 있습니다.

저는 평생을 초고도 비만으로 살았어요. 대학 졸업 후 진로에 대한 고민과 여러 이유로 우울증이 찾아왔고 정신과를 다니며 1년 가까이 진료받는 중에 의사 선생님께서 스스로 식사를 차려 보라고 하시더라고요. 원래 요리를 좋아했지만 우울감에 짓눌려 좋아하던 요리마저 손 놓고 있었는데…. 그러다가 우연히 베키 님 SNS를 보게 되었어요. 아무리 귀찮아도 전자레인지 레시피 정도는 따라 할 수 있겠더라고요. 그렇게 누룽지 오트밀, 두부 또띠아, 단백질면 등을 접하며 직접 해 먹기 시작했어요. 된장죽 먼저 했었는데 이게 은근 괜찮았고 명란을 이용한 것들도 너무 맛있더라고요. 그러기 시작한 지 한두 달 정도 뒤엔 미각이 깨어나고 몸을 조금씩 움직이며 운동도 시작하며 어느새 몸도 정신도 건강해짐을 느끼고 삶의 활기도 되찾았어요. 정신과 약도 끊었고요!

@heeda_lucete

헬스 트레이닝을 받긴 했지만 **초고도 비만에서 정상까지 약 40kg을 감량하고 지속할 수 있었던 건 베키 님의 전자레인지 다이어트 레시피라고 단언할 수 있습니다.** 또한 잘 챙겨 먹는 것이 얼마나 중요한지 깨달았고, 그 전에는 상상도 못했던 전혀 다른 일인 헬스장에서 근무하며 영양학까지 공부하고 있어요. 감량뿐 아니라 인생을 바꾸게 되었네요. 전자레인지로 간단히 해 먹을 수 있고, 밀프렙을 해둘 수도 있고 회사 도시락 메뉴로도 가능한 메뉴들도 많아요. 무엇보다 레시피가 다양해서 질리지 않다는 게 가장 큰 장점이에요. 베키 님 레시피가 더 널리 알려져서 많은 분들이 저처럼 건강해졌으면 좋겠어요.

@ong_yang

다이어트 시작하고 닭가슴살, 고구마, 샐러드에 물려서 '건강한 식단'으로 바꿔야겠다 생각하던 찰나, 우연히 릴스를 통해서 베키 님의 누룽지 오트밀에 입문하게 됐어요. '오트밀로 이렇게 다양한 식단이 가능하다고?' 싶어서 따라 하기 시작했는데 **베키 식단의 가장 큰 강점은 1. 재료를 구하기 쉽고, 2. 조리가 엄청나게 간편하고, 3. 영양 성분도 알아서 다 알려주는데 저에게 꼭 필요했던 부분이었어요.**

2023년 10월 중순부터 두 끼 중 한 끼는 베키 님 식단으로 바꿨고, 오트밀, 또띠아 등 여러 가지 메뉴 적절히 섞어 가면서 도전했어요. 제가 7월부터 다이어트를 시작했는데 9월에 수술을 하는 바람에 운동도 못한 채로 갑자기 몸이 불어날 거 같은 두려움이 있었어요. 그런데 베키표 식단을 꾸준히 먹은 결과 운동을 못 했음에도 불구하고 체지방은 빠지고 근육량은 느는 이상한(?) 효과를 본 거예요! 너무 신기했어요.

그 이후 운동 병행하며 베키 식단 유지했고 결과는 체지방만 쭉쭉 내려 가는 중입니다. 10월부터 식단한 걸로 따지면 지금까지 체중만 약 7kg 감량했고, 체지방만 약 9kg 감량했어요. 현재도 1일 1베키 식단 유지 중이고, 편식 없이 정말 골고루 챙겨 먹기 때문에, 질리지 않고 먹을 수 있어요. 무엇보다 맛있습니다!

이거 가장 중요해요. 맛이 있는데 칼로리도 적고, 영양 성분 특히 단백질을 챙기기 때문에 속이 상하지 않고 지속적인 다이어트가 가능합니다. 게다가 아이들도 아주 맛있게 잘 먹는 식단이에요. 물론 칼로리는 낮기 때문에 아이들이 먹을 때는 오트밀 대신 밥으로 해줍니다. 일반식으로도 손색없는 레시피예요.

한 번은 당뇨가 있는 지인분께 식사 대접할 일이 있었는데, 베키 님 레시피로 로제떡볶이와 오트밀김밥을 해 드렸더니 혈당이 하나도 오르지 않았다며 놀라시더라고요. 맛은 속세맛인데 당 걱정, 살찔 염려 없는 베키의 살 빠지는 전자레인지 레시피 최고입니다. 저처럼 귀차니즘 심하지만 다이어트하고 싶은 분들께 강력 추천합니다.

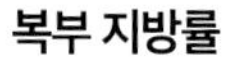

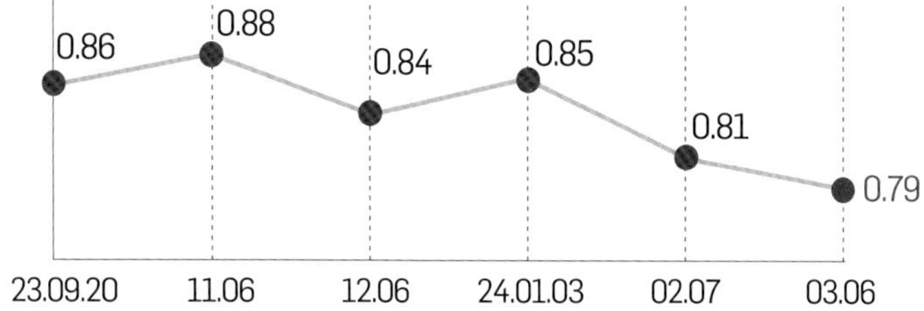

내장 지방률

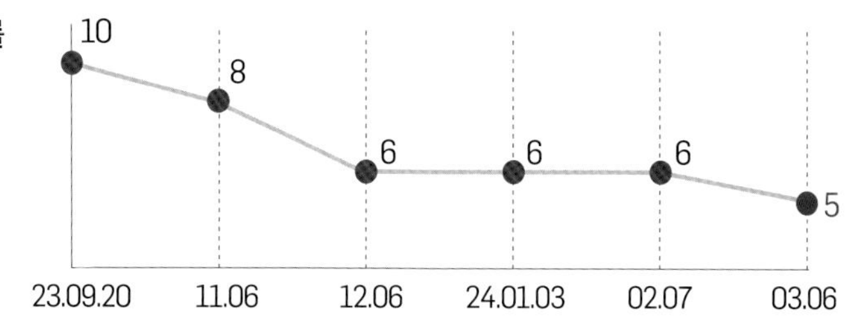

2023년부터 베키 님 다이어트 레시피로 혼자 바디 프로필 준비하면서 많은 도움이 되었어요! 주로 오트밀미역국이랑 오트밀 양배추참치덮밥으로 저녁을 먹으면서 식단을 했는데 **확실히 단백질도 채우면서 맛있어서 질리지 않고 식단할 수 있었습니다!** 완벽하진 않지만 바프도 찍어 보고 먹을 거 먹으면서 운동이랑 병행하니 힘들지 않게 도전할 수 있었어요! 2025년 현재까지도 베키 님 레시피 따라 하면서 유지 중이에요. 베키 님 아니면 '닭 · 고 · 야'만 먹고 요요도 왔을 텐데……. 맛있는 레시피 공유해 주셔서 감사해요!

after

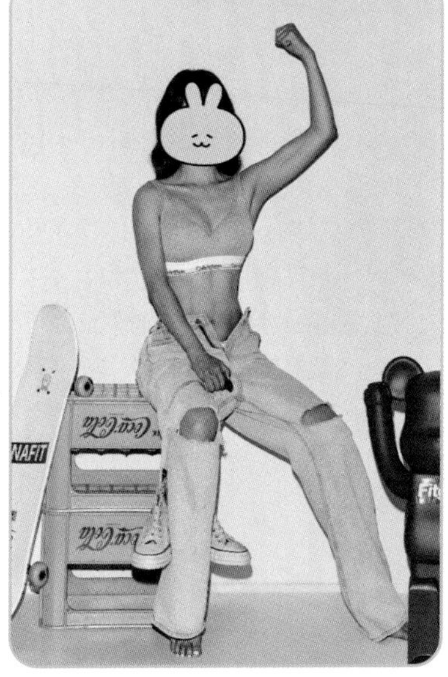

산후 다이어트 식단을 고민하던 중 우연히 알게 된 베키 님 오트밀 레시피! 육아로 정신없는 일상에서 간편하게 만들 수 있어 정말 큰 도움이 되었어요. 무엇보다 속세의 자극적인 맛에 익숙해져 있어서 '오트밀로 다이어트 식단을 꾸준히 할 수 있을까?' 하는 걱정이 많았는데, 그런 우려를 완전히 날려주었어요.
매일 먹어도 질리지 않을 만큼 다양하고 맛있어서, 오히려 식사 시간이 기다려질 정도였답니다. 특히 오트밀미역죽은 담백한 맛에 깊은 감칠맛까지 더해져 속이 편안하고 든든했고, 참치치즈김치오트밀은 고소함과 매콤함의 완벽한 조화로 한입 먹는 순간 반하게 되었어요. 맛있고 건강한 식단 덕분에 지치지 않고 즐겁게 산후 다이어트를 이어갈 수 있었고, 덕분에 자연스럽게 산전 몸매로도 돌아올 수 있었답니다. 베키표 레시피 진심으로 추천드려요!

보조제 없이 식단으로 맛있게 먹고 30kg 감량하기!

인생에서 107kg라는 몸무게를 달성해봤고, 30kg을 두 번 감량하면서 수많은 약과 보조제를 먹어봤어요. 그렇게 요요도 요요지만 쓸개 수술도 하게 되고, 술 한 잔 하는 즐거움마저 잃을 만큼 건강을 잃었어요. 그렇게 셋째를 낳고 또 다시 88kg라는 숫자를 보았을 때 정말 눈물이 많이 났던 거 같아요. 왜 이렇게 나만 힘든걸까. 고무줄같은 몸이 원망스러웠어요. 하지만 더 이상 잃을 건강도 없기에 이번 다이어트는 더욱 건강을 생각하며 시작해야했고, 보조제 없이 빼는 거라 2년이라는 시간이 걸렸네요!

처음 다이어트를 시작했을 때 막막하기만 했고 무작정 시작할 땐 쉐이크를 제일 많이 먹었던 거 같아요. 그러다 단백질면 레시피를 통해 베키 님을 알게 됐어요. 면을 끊지 못하는 사람이었는데……. 진짜 처음 그 맛을 잊지못해요. 무엇보다 간편한 전자레인지 요리라는 게 아이 셋 워킹맘인 저에겐 엄청나게 도움이 됐어요. 그렇게 2년이 흐른 지금 건강하게 30kg 감량에 성공했습니다. 저도 사람인지라 살 찔 음식들 잔뜩 먹기도 하고 찌기도 하지만 베키 님 레시피로 며칠 먹으면 또 돌아오더라고요. 지금은 그렇게 유지어터가 됐어요. 다이어트 식단은 지속적으로 해야 하잖아요? 베키 님 레시피로 간편하게 해 먹으면 오래 해도 스트레스 없이 행복하게 다이어트를 성공할 수 있답니다.

@hyohyeonlee

@only_broro

쉽게 만들 수 있는 건강한 식단, 근사하게 나에게 대접하는 기분!

오래 다닌 직장을 그만두고 몇 달간 배달 음식으로 연명하다가, 더 이상 이대로는 안 되겠다고 생각해서 운동을 하게 되었어요. 자연스럽게 식단에 관심이 생겼지만 닭가슴살, 고구마, 채소도 하루이틀이지 오히려 보상 심리가 생겨서 체중 조절을 더 어렵게 만들더라고요.

그러던 중, SNS에서 베키 님 계정을 알게 되었어요. 간단한 재료로 너무 쉽게 건강한 한 끼 식사가 완성되니 쉽게 해볼 수 있을 거 같다는 생각이 들었어요. 거창한 재료들이 아니라 제철 식재료나 냉장고에 있는 재료들로 쉽게 만들 수 있어서 더 친근하게 느껴졌던 것 같아요.

복잡한 조리 과정 없이 간단하고 건강한 식사를 준비할 수 있다는 건 정말 큰 매력이죠. 예를 들어 오트밀 레시피들은 전자레인지에 몇 분이면 맛 보장된 근사한 한 끼가 완성되니 해보지 않을 이유가 없어요. 시간이 부족해서 대충 때우고 나중에 폭식하는 일이 사라졌어요. 베키 님 레시피로 식단하면서, 단순히 건강을 넘어서 식사 시간이 나에게 대접하는 기분이 들 정도로 만족스러워요. 당연히 자연스럽게 지속 가능한 식단으로 이어지고요. 앞으로도 베키 님 식단을 활용해 더 건강하고 행복한 일상을 유지하고 싶어요!

오트밀, 알고 먹어요

오트밀은 단순한 곡물이 아니라, 활용도와 영양 가치가 굉장히 높은 식재료예요.
특히 식이섬유와 단백질이 풍부하고, GI(혈당지수)가 낮아 다이어트와 혈당 관리에 효과적이랍니다.

1 롤드오트는 전자레인지 요리의 베스트 파트너

전자레인지로 조리할 경우, 적당한 식감과 응용력을 모두 갖춘 건 롤드오트다. 요리할 때 질어지지 않고, 리소토나 크림리소토, 디저트 레시피에 모두 잘 어울린다.

2 퀵오트는 바쁜 아침의 구세주

퀵오트는 1~2분이면 완성돼서 아침에 시간 없을 때 훌륭한 대체 식사가 된다. 식감이 부드럽고 다른 재료와 함께 조리하면 포만감을 충분히 느낄 수 있다. 다만 물 양을 조금 조절하지 않으면 질어질 수 있으니, 조리 시 액체 비율을 살짝 줄여도 좋다.

3 오트밀 + 단백질 = 포만감 시너지

오트밀은 단백질이 꽤 들어 있지만, 단백질 파우더, 두유, 달걀 등과 함께 조리하면 근육 유지 + 포만감 상승 + 혈당 안정까지 잡을 수 있다.
특히 저녁 식단이나 운동 후 식사로 활용할 때 꽤 훌륭한 조합이 된다.

고식이섬유, 고단백 오트밀과 바삭한 현미누룽지가 들어간 헤이오트 오트밀을 자주 쓰고 있어요.

4 GI(혈당지수)는 가공도에 따라 달라진다

오트밀도 가공이 많이 될수록 혈당을 더 빨리 올릴 수 있다.

➜ 통귀리 → 강낭귀리 → 롤드오트 → 퀵오트 → 인스턴트오트 순서로 혈당 반응이 올라간다.

➜ 다이어트 중이라면 롤드오트 또는 퀵오트 정도가 가장 균형 잡힌 선택이다.

5 바삭한 오트밀이 좋다면, 토핑으로 구워 쓰기

전자레인지 요리 후 식감이 너무 물컹하게 느껴진다면, 오트밀을 프라이팬이나 오븐에서 살짝 구워 토핑으로 얹는 방법을 추천한다.
바삭한 식감과 고소한 향이 올라와 일반식 디저트 느낌 살리기에 딱 좋다.

여러 가지 오트밀

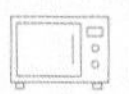

오트밀은 가공 방식에 따라 여러 종류로 나뉘며, 각각의 식감과 조리법이 달라요. 전자레인지용 오트밀로는 롤드오트 또는 퀵오트가 가장 적당해요. 그 외 종류는 참고용으로 알아두세요.

1 롤드오트 Old-fashioned Oats | 귀리를 납작하게 눌러 만든 형태.

전자레인지로 조리할 경우, 적당한 식감과 응용력을 모두 갖춘 건 롤드오트다.
너무 질어지지 않고, 리소토나 디저트 레시피에 모두 잘 어울린다.
섭취법 _ 불리지 않아도 되며, 물이나 우유를 넣고 바로 조리할 수 있다.

2 퀵오트 Quick Oats | 롤드오트를 더 얇게 눌러 조리 시간을 단축한 형태.

부드러운 식감과 빠른 조리 속도로 바쁜 아침에도 활용 가능하다.
섭취법 _ 불리지 않아도 되며, 물이나 우유를 넣고 바로 조리할 수 있다.

3 통귀리 Whole Oat Groats | 껍질만 제거한 가장 원형에 가까운 귀리.

조리 시간이 길며 단단한 식감으로, 일반적인 다이어트 레시피에는 사용이 어렵다.
섭취법 _ 불린 후 삶아서 먹어야 하며, 전자레인지 조리에는 적합하지 않다.

4 강낭귀리 Steel-cut Oats | 통귀리를 잘게 자른 형태로, 꼬들꼬들하고 고소한 식감.

조리 시간이 길고 불림이 필요하다. 죽이나 리소토 레시피에 어울린다.
섭취법 _ 최소 20분 이상 조리가 필요하므로 전자레인지 조리에는 다소 부적합하다.

5 인스턴트 오트 Instant Oats | 가장 얇고 미리 조리된 형태.

뜨거운 물만 부어도 먹을 수 있어서 조리 편의성은 좋지만 식감이 가장 무르고,
포만감은 상대적으로 낮다. 섭취법 _ 전자레인지에 사용 가능하나, 식감이 너무 부드러워질 수 있다.

6 오트브란 Oat Bran | 귀리의 겉껍질 부분만 따로 분리한 형태.

고운 가루에 가까운 식감이다. 식이섬유와 단백질이 풍부해 요거트나 반죽 등에 첨가해
활용하기 좋다. 섭취법 _ 단독으로 먹기보다는 다른 재료에 섞어 사용하는 방식이 적합하다.

Q 오트밀, 꼭 불려서 먹어야 하나요?

A 아니요! 롤드오트와 퀵오트는 불리지 않아도 바로 조리 가능해요. 전자레인지로 돌릴 때 물이나 우유를 부어 바로 조리해도 식감 좋고, 소화에도 큰 무리 없어요. 단, 속이 예민한 분이라면 5~10분 정도 불려 쓰면 더 부드럽고 소화가 잘 돼요.

Q 오트밀에 어떤 음료가 가장 잘 어울려요?

A 기본은 무가당 두유 또는 아몬드우유! 담백하면서 단백질과 지방 균형이 좋아요. 일반식 맛을 느끼고 싶다면 무지방 우유, 스테비아, 향신료(시나몬, 바닐라 등) 조합도 추천해요.

Q 인스턴트 오트밀은 건강에 나쁜가요?

A '나쁘다'기보다는 용도에 따라 달라요. 즉석에서 빠르게 먹는 건 좋지만, 가공도가 높고 식감이 무르기 때문에 이 책에 나오는 다양한 전자레인지 조리에 활용하려면 롤드오트나 퀵오트가 훨씬 좋아요.

Q 바삭한 오트밀 레시피는 없나요?

A 있어요! 오트밀을 프라이팬에 살짝 볶거나, 에어프라이어에 구우면 그래놀라처럼 바삭한 식감으로 변해요.

Q 오트밀 먹으면 살 안 찌나요?

A 오트밀 자체는 **GI(혈당지수)도 낮고, 식이섬유도 풍부해서 살이 덜 찌는 탄수화물**이에요. 하지만 시럽이나 견과류를 잔뜩 얹으면 결국 칼로리는 올라갑니다. 이 책의 레시피처럼 저당식, 고단백 조합으로 먹으면 포만감은 높이고 살은 덜 찔 수 있어요.

Q 오트밀 먹고 속이 더부룩한데 저랑 안 맞는 걸까요?

A 아니요! 처음 먹는 사람은 그럴 수 있어요. 오트밀엔 불용성 식이섬유가 많아 장 운동을 활발하게 하다 보면 처음엔 더부룩함이 생길 수 있어요. 조리할 때 물을 넉넉히 넣거나 생강가루, 시나몬, 소금 등을 한 꼬집 추가하면 속이 편해질 거예요.

베키 레시피 계량법

컵

200ml=1컵

100ml=½컵

50ml=소주잔 1컵

* 종이컵 기준

액체류

1큰술=15g

½큰술=7.5g

⅓큰술=5g

가루류

1큰술=10g

½큰술=5g

⅓큰술=3.3g

참치
SINCE 1982
하림
닭가슴살햄
챔
오리지널
국내산 닭가슴살 100%

가성비 좋은 다이어트 식재료

두부

식물성 단백질과 필수 아미노산이 풍부해 근육 유지에 도움을 주며, 저칼로리 고단백 식품으로 다이어트 식단에서 활용도가 높다. 부드러운 식감 덕분에 다양한 요리에 활용 가능하다.

돼지목살

다이어트 중에도 필수 지방과 단백질을 공급해주는 부위로, 포화지방이 적당히 포함되어 있어 적절히 섭취하면 포만감 유지에 도움을 준다. 기름기를 제거해 조리하면 더욱 건강하게 즐길 수 있다.

닭가슴살

고단백 저지방 식품으로 다이어트 식단의 대표적인 단백질 공급원이다. 지방 함량이 적고 소화가 잘되며, 다양한 조리법으로 활용할 수 있어 부담 없이 섭취 가능하다.

닭가슴살햄

일반 햄보다 지방 함량이 낮고 단백질이 풍부해 다이어트 식단에 적합하다. 가공식품이므로 저염 제품을 선택해 섭취하면 더욱 건강하게 즐길 수 있다.

참치

고단백, 저탄수화물 식품으로 다이어트에 적합하며, 오메가3 지방산이 풍부해 혈액순환과 건강 관리에도 도움을 준다. 참치캔을 사용할 경우 저염 제품을 선택하는 것이 좋다.

달걀

완전 단백질 식품으로 필수 아미노산이 골고루 포함되어 있어 근육 형성과 포만감 유지에 탁월하다. 특히 삶은 달걀은 간편한 단백질 공급원으로 다이어트 식단에서 필수적이다.

오리고기

불포화지방산이 풍부한 고기로, 지방이 있지만 건강한 지방이 많아 다이어트 식단에도 적절히 포함할 수 있다. 단백질 함량이 높아 근육 유지에도 효과적이다.

토마토

리코펜이 풍부해 항산화 효과가 뛰어나며, 칼로리가 낮고 수분 함량이 많아 다이어트 중에도 부담 없이 섭취할 수 있다. 생으로 먹어도 좋고, 조리 시 감칠맛이 더욱 깊어진다.

청경채

칼로리가 낮고 비타민과 미네랄이 풍부해 영양 균형을 맞추는 데 도움을 준다. 식감이 아삭하고 조리 시간이 짧아 빠른 요리에 활용하기 좋다.

낫토

발효된 콩으로, 식물성 단백질과 프로바이오틱스가 풍부해 장 건강에 도움을 주며, 다이어트 중에도 필수 영양소를 보충하는 데 효과적이다.

애호박

수분 함량이 높고 칼로리가 낮아 부담 없이 섭취할 수 있으며, 부드러운 식감 덕분에 다양한 요리에 활용하기 좋다. 칼륨이 풍부해 체내 나트륨 배출을 돕는다.

SRIRACHA HOT CHILI
SEASONING
KETO LIFESTYLE
당류가 낮은
건강한
설탕대용
KETO LIFESTYLE
My
쉐프의
치킨스톡
CHICKEN
DAESANG
Dongwon
VIVID
KITCHEN
저당 굴소스
French Mustard Maker since 1816
BORNIER
MASTER MUSTARD MAKER
WHOLEGRAIN
MUSTARD
MADE IN DIJON REGION, FRANCE
NET WT 210G
마이노멀
저당 고추장
100%
국산
SINCE 1998
YUM!
Peanut Butter & Co
No Added Sugar!
PEANUT
BUTTER
8g
PROTEIN
NET WT. 16 OZ
(1 LB) 454g

저당 고추장

일반 고추장보다 당 함량이 낮아 다이어트 중에도 부담 없이 사용할 수 있다. 나트륨이 포함되어 있지만, 발효 과정에서 생성된 유익한 성분들이 많아 장 건강에 도움이 될 수 있으며, 감칠맛이 강해 적은 양으로도 요리의 맛을 살릴 수 있다.

저당 굴소스

일반 굴소스보다 당 함량이 낮아 다이어트에 적합하면서도 감칠맛을 더한다. 볶음 요리나 드레싱에 활용하면 깊은 풍미를 더하면서도 부담 없는 식단을 유지할 수 있다.

저칼로리 케첩

당 함량이 낮고 토마토의 천연 풍미가 살아 있어 다이어트 중에도 활용하기 좋다. 리코펜이 풍부해 항산화 효과를 제공하며, 달걀 요리나 닭가슴살 요리에 감칠맛을 더해준다.

엑스트라버진 올리브오일

엑스트라버진 올리브오일은 올리브를 한 번 압착해 얻는 기름이다. 향과 맛이 좋아 생으로 먹으면 식욕 조절과 배변 활동에 도움이 된다.

올리브오일 마요네즈

일반 마요네즈보다 건강한 불포화지방이 많아 체내 염증을 줄이고, 다이어트 중에도 적절히 활용할 수 있다. 고소한 풍미를 더하면서도 포화지방 섭취를 줄일 수 있는 대안이다.

홀그레인 머스터드

통겨자를 그대로 갈아 만든 머스터드로, 일반 머스터드보다 당 함량이 낮고 톡 쏘는 풍미가 있어 다이어트 요리에 잘 어울린다. 닭가슴살이나 샐러드 드레싱으로 활용하면 좋다.

저당 머스터드

설탕이 적거나 없는 머스터드 소스로, 칼로리는 낮으면서도 풍미를 더할 수 있어 다이어트 식단에 적합하다. 새콤하고 톡 쏘는 맛이 있어 식욕을 돋우는 데 도움을 줄 수 있다.

무설탕 땅콩버터

땅콩버터에는 단백질과 식이섬유가 있다. 좋은 제품을 고르면 좋은 지방도 섭취할 수 있다. 무설탕 땅콩버터를 다이어트 레시피에 활용하거나 곡물빵과 함께 먹으면 맛있게 다이어트할 수 있다.

스리라차

고추를 주원료로 한 매운 소스로, 캡사이신이 함유되어 지방 연소와 신진대사 촉진에 도움을 줄 수 있다. 0칼로리에 가까워 다이어트 중에도 부담 없이 사용할 수 있으며, 적은 양으로도 강한 풍미를 내 요리의 만족도를 높이는 데 효과적이다.

알룰로스

칼로리가 거의 없고 설탕에 비해 혈당이 급격히 올라가지 않아 다이어트 중에도 단맛을 즐길 수 있는 대체 감미료다. 요리뿐만 아니라 커피나 디저트에도 활용하기 좋다.

치킨스톡

농축된 닭 육수로 깊은 감칠맛을 내면서도 칼로리가 낮아 국물 요리나 볶음 요리에 활용하기 좋다. 나트륨 함량이 높은 제품이 많으므로 저염 제품을 선택하면 더욱 건강하게 사용할 수 있다.

토마토퓨레

신선한 토마토를 갈아 만든 퓨레로, 리코펜이 풍부해 항산화 효과가 뛰어나고, 자연스러운 감칠맛을 더할 수 있다. 설탕이 첨가되지 않은 제품을 사용하면 저칼로리 요리가 된다.

Part 1
오트밀 레시피

김밥, 덮밥, 볶음밥 등 이제 흰쌀밥보다 가볍고 포만감은 오래가는
오트밀로 든든하고 날씬하게 먹어요.

연어아보카도김밥

고소한 오트밀밥에 진한 풍미의 연어, 부드러운 아보카도, 촉촉한 달걀까지!
간단하지만 깊은 감칠맛이 나는 단짠소스를 더한 건강한 한 끼예요.

390kcal 탄수화물 36g | 단백질 29g | 지방 16g | 당류 2g | 식이섬유 12g

재료(1인분)

오트밀 30g
물 40ml
연어 80g
아보카도 ⅓개
달걀 1개

양념 재료

진간장 ⅔큰술
알룰로스 ⅔큰술

만드는 방법

1 잘 후숙된 아보카도는 껍질을 벗기고 씨를 제거해 세로로 길게 잘라 준비한다.
2 연어는 김 길이에 맞추어 길게 잘라 준비한다.
3 전자레인지용기에 오트밀과 물을 넣고 잘 섞어 전자레인지에 1분 돌린다.
4 전자레인지용기에 올리브오일을 바르고 달걀을 풀어 넣는다.
5 뚜껑을 덮지 않고 전자레인지에 1분 30초 돌린다.
6 달걀을 꺼내 얇고 길게 자른 후 식힌다.
7 김 위에 오트밀밥과 연어, 달걀, 아보카도를 차례로 올린다.
8 양념 재료를 섞은 뒤 재료 위에 바르고 김밥을 만든다.

Tip

* 김이 눅눅해질 수 있으니 오트밀을 식힌 다음 올리세요.
* 아보카도는 씨 있는 곳까지 세로로 칼집을 낸 다음 비틀면 과육과 씨가 분리돼요.

Note

참치비빔김밥

대표 k푸드인 비빔밥과 김밥이 만난 참치비빔김밥! 포만감과 완벽한 영양 성분을 갖추었어요. 직장인 다이어터 도시락으로 인기 만점이에요.

378kcal 탄수화물 32g | 단백질 28g | 지방 14g | 당류 4g | 식이섬유 5g

재료(1인분)

오트밀 30g
양배추 100g
물 50ml
김밥김 1장
깻잎 6장
참치캔 85g
달걀 1개
김밥용 단무지 1줄

양념 재료

저칼로리 비빔장 1큰술
참기름 1큰술

만드는 방법

1 전자레인지용기에 오트밀과 채 썬 양배추, 물 50ml를 부어 섞는다.
2 전자레인지에 3분 돌린 후 섞어준다.
3 참치는 기름을 제거해 오트밀 양배추밥에 넣는다.
4 3에 저칼로리 비빔장과 참기름을 넣고 골고루 섞는다.
Tip 비빔장 양은 취향에 맞게 가감하고 참기름은 생략해도 좋아요.
5 달걀프라이를 완숙으로 만든 뒤 채 썬다.
6 김밥김을 깔고 그 위에 깻잎 6장을 올린다(상추나 로메인 등으로 대체 가능).
7 4에서 만든 비빔밥을 깻잎 위에 올려 고르게 편다.
8 달걀, 단무지 등 좋아하는 김밥 재료를 올려 말아준다.

Note

청양햄김밥

든든한 오트밀 양배추밥에 고단백 닭가슴살햄을 더해 든든해요.
알싸한 청양고추가 매콤한 감칠맛을 더해 입맛을 확 돋우는 영양 가득한 레시피예요.

269kcal 탄수화물 30g | 단백질 25g | 지방 6g | 당류 5g | 식이섬유 5g

재료(1인분)

오트밀 30g
양배추 100g
물 50ml
닭가슴살햄 100g
청양고추 1개
김밥김 1장
김밥용 단무지 2줄
좋아하는 김밥 재료
소금 약간
후춧가루 약간

Note

만드는 방법

1 양배추와 청양고추, 닭가슴살햄을 모두 잘게 다져 준비한다.
2 전자레인지용기에 오트밀, 물, 양배추를 넣어 골고루 섞는다.
3 2에 닭가슴살햄과 청양고추를 넣고 골고루 섞는다.
4 뚜껑을 덮지 않고 전자레인지에 3분 돌린다.
5 전자레인지용기를 꺼내 다시 섞은 다음 충분히 식히고 소금, 후추로 간을 한다.
6 김밥김 위에 5에서 만든 내용물을 모두 올린다.
7 단무지 2줄과 우엉 등 좋아하는 김밥 재료를 올린 후 김밥을 말아준다.

Tip

* 청양고추는 잘게 다지지 않고 길게 썰어 7번 과정에서 넣어도 좋아요.
* 조금 더 든든하게 먹고 싶다면 전자레인지용기에 올리브유를 바른 후 달걀을 하나 풀어 넣은 뒤 전자레인지에 1분에서 1분 30초 돌린 다음 지단으로 만들어 김밥 말 때 넣어요.

매콤어묵김밥

고소한 어묵과 신선한 양배추의 조화, 숯불향 나는 매콤한 소스까지 더해져
입안 가득 매력적인 맛을 느낄 수 있어요.

333kcal 탄수화물 33g | 단백질 20g | 지방 12g | 당류 4g | 식이섬유 5g

재료(1인분)

오트밀 30g
물 50ml
양배추 50g
저칼로리 숯불매콤소스 2큰술
달걀 2개
김밥김 1장
김밥용 단무지 2줄
어묵 50g
우엉 등 좋아하는 김밥 재료

Note

만드는 방법

1 양배추와 어묵은 잘게 썰어 준비한다.

Tip 밀가루 함량이 높은 어묵이 많아 되도록 밀가루가 들어가지 않은 어묵을 추천해요.

2 전자레인지용기에 오트밀과 물을 넣고 섞는다.

3 2에 양배추와 어묵을 넣고 저칼로리 숯불매콤소스와 함께 섞는다.

4 뚜껑을 덮지 않고 전자레인지에 3분 돌려 어묵밥을 만든다.

5 조리한 어묵밥을 충분히 식힌 후에 김밥김 위에 얇게 펴서 올린다.

6 달걀을 풀어 가스레인지 중불에서 지단을 만든다(생략하거나 달걀프라이로 대체 가능).

7 얇게 편 어묵밥 위에 지단을 올리고 단무지와 우엉 등 김밥 재료를 올린다.

8 김밥을 말아 먹기 좋은 크기로 자른다.

② 방향으로
비닐을 뜯어낸다.
③ 방향으로 비닐을
뜯어내어 드시면 됩니다.

참치마요삼각김밥

고소한 오트밀밥에 담백한 참치와 부드러운 마요네즈,
아삭한 단무지를 듬뿍 채운 속까지 맛있는 삼각김밥이에요.

300kcal 탄수화물 27g | 단백질 23g | 지방 10g | 당류 0g | 식이섬유 3g

* 삼감김밥 2개 기준

재료(1인분)

오트밀 30g
물 50ml
삼각김밥용 김 2장
참치캔 85g
단무지 20g
마요네즈 1큰술

만드는 방법

1 참치캔의 기름을 제거해 준비한다.
2 단무지를 잘게 다져 1큰술 정도 준비한다.
3 전자레인지용기에 오트밀과 물을 넣고 잘 섞는다.
4 뚜껑을 덮지 않고 전자레인지에 1분 돌린다.
5 조리된 오트밀밥을 한 번 뒤집는다.
6 준비한 참치와 마요네즈, 단무지를 모두 넣고 잘 섞는다.
7 삼각김밥용 김을 깔고 삼각틀을 올려 틀 안에 참치마요밥을 채워 넣는다.
8 김을 차례대로 잘 접어 스티커를 붙인다.

Tip 삼각김밥용 김을 구매하지 않고 김밥용 김을 2등분 해서 사용해도 돼요.

Note

베이컨유부초밥

저당 유부초밥키트를 활용해 당 함량을 절반이나 낮춘 부담 없는 유부초밥!
베이컨과 양배추를 넣어 맛과 포만감까지 다 잡은 레시피예요.

382kcal 탄수화물 41g | 단백질 22g | 지방 13g | 당류 6g | 식이섬유 0g

재료(1인분)

오트밀 30g
저당 유부초밥키트 1봉지
목살베이컨 70g
양배추 30g
물 50ml

만드는 방법

1 목살베이컨과 양배추를 잘게 썰어 준비한다.
2 전자레인지용기에 목살베이컨, 양배추, 오트밀을 담는다.
3 물을 넣고 잘 섞은 다음 뚜껑은 덮지 않고 전자레인지에 2분 돌린다.
4 저당 유부초밥키트에 있는 조미볶음과 유부초밥소스를 반씩 넣는다.
5 조리된 밥을 유부주머니에 넣는다.

Tip

* 일반 유부초밥키트를 활용할 경우, 유부초밥소스의 양을 더 줄여서 넣으세요.
* 포만감을 더하고 싶다면 밥 양을 늘리는 대신 두부를 활용해요. 두부는 전자레인지에 2분 돌린 뒤 충분히 식힌 후 꽉 짜서 수분을 제거해 사용해요.
* 양배추 대신 알배추를 아주 잘게 다져 활용해도 좋아요.

Note

치즈카레밥도그

다이어트 중 든든한 한 끼 식사로도 아이들 건강 간식으로도 손색없는 메뉴예요.
카레밥에 치즈까지 넣어 더 맛있답니다.

366kcal 탄수화물 40g | 단백질 20g | 지방 13g | 당류 3g | 식이섬유 0g

재료(1인분)

오트밀 40g
물 50ml
닭가슴살소시지 1개
체다치즈 1장
카레가루 2큰술
올리브오일 스프레이 적당량

Note

만드는 방법

1 오트밀과 물을 잘 섞어 전자레인지에 50초간 돌린다.
2 1에 카레가루 2큰술을 넣고 잘 비벼 오트밀 카레밥을 만든다.
3 냉동 상태의 닭가슴살소시지를 전자레인지에 1분 돌린다.
4 닭가슴살소시지 겉면에 체다치즈를 감싼다.
5 체다치즈 위에 만들어 둔 오트밀 카레밥을 감싸 밥도그를 만든다.
6 올리브오일 스프레이로 밥도그 겉면을 얇게 코팅한다.
7 전자레인지용 접시에 올려 전자레인지에 1분 돌린다.

Tip

* 7번 과정에서 전자레인지 대신 밥도그를 프라이팬에 구워 먹으면 더 맛있어요.
* 카레가루 대신 짜장가루를 활용하면 짜장밥도그가 돼요.
* 기호에 따라 저칼로리 케첩, 저당 머스터드 등 소스를 뿌려 먹어요.
* 오트밀 대신 밥을 사용하는 경우 현미밥 또는 백미밥 80g으로 대체해요.

명란감태주먹밥

고소한 저염명란과 신선한 생감태가 어우러져 신선한 바다맛을 선사해요.
집들이 메뉴나 도시락으로도 추천합니다.

341kcal 탄수화물 32g | 단백질 23g | 지방 13g | 당류 1g | 식이섬유 3g

재료(1인분)

오트밀 30g
두부 100g
생감태 2장
저염백명란 65g
단무지 20g
마요네즈 ½큰술

만드는 방법

1 저염백명란은 껍질을 제거해 준비한다.
2 생감태는 비닐에 넣고 주물러 잘게 부숴 준비한다.
3 단무지는 잘게 다져 준비한다.
4 저염백명란과 마요네즈를 섞어 명란마요를 만든다.
5 두부를 전자레인지용기에 넣고 으깬 다음 오트밀과 골고루 섞은 뒤 전자레인지에 2분 돌려 오트밀 두부밥을 만든다.
6 5를 충분히 식힌 다음 명란마요와 단무지를 넣고 섞은 뒤 동그랗게 빚는다.
7 생감태가 담긴 비닐에 6을 넣고 골고루 묻힌다.

Tip 비릿한 냄새에 예민하다면 생감태보다는 구운 감태를 활용하세요.

Note

사천짜장밥

매콤하고 진한 사천풍 짜장소스에 오트밀밥을 더해,
간편하면서도 탄단지 균형까지 갖춘 든든한 한 끼 레시피예요.

369kcal 탄수화물 38g | 단백질 28g | 지방 10g | 당류 5g | 식이섬유 3g

재료(1인분)

오트밀 30g
물 100ml
오뚜기 사천짜장분말 1.5큰술
참치캔 85g
양파 ¼개
달걀 1개

만드는 방법

1 참치는 기름을 제거해 준비한다.
2 양파는 새끼손톱 크기로 깍둑썰기한다.
3 전자레인지용기에 오트밀과 참치, 양파를 담는다.
4 사천짜장분말과 물을 넣고 골고루 섞고 전자레인지에 4분 돌린다.

Tip 물 대신 사골육수 100ml를 대체하면 더 깊은 맛을 느낄 수 있어요.

5 달걀프라이를 만들어 사천짜장밥 위에 올린다.

Note

김치제육덮밥

쫄깃한 대패목살에 감칠맛 가득한 저당 제육양념과 김치를 더했어요.
백반집 제육덮밥과 같은 진한 맛을 그대로 살린 레시피예요.

379kcal 탄수화물 40g | 단백질 21g | 지방 16g | 당류 0g | 식이섬유 1g

재료(1인분)

오트밀 30g
물 50ml
대패목살 80g
묵은지 100g
미나리 30g

양념 재료

치킨스톡 ⅓큰술
알룰로스 ⅓큰술
저당 고추장 ½큰술
미림 1큰술

만드는 방법

1 양념 재료를 골고루 섞어 양념장을 준비한다.

Tip 양념장에 김칫국물을 2큰술 넣으면 더 맛있어요.

2 전자레인지용기에 오트밀과 물을 넣고 섞는다.

3 2 위에 묵은지와 대패목살, 미나리를 올려준다.

Tip 대패목살을 살짝 구워서 넣으면 더 맛있어요.

4 재료에 양념장을 골고루 섞는다.

5 뚜껑을 덮지 않고 전자레인지에 6분 돌린다.

Note

들기름묵은지덮밥

고소한 들기름에 무친 묵은지와 닭가슴살이 만나 식감, 포만감 모두 잡은 오트밀 덮밥이에요.

388kcal 탄수화물 34g | 단백질 28g | 지방 18g | 당류 2g | 식이섬유 5g

재료(1인분)

오트밀 30g
물 50ml
닭가슴살 100g
묵은지 100g

양념 재료

들기름 1큰술
알룰로스 ⅔큰술
식초 ⅔큰술

만드는 방법

1 닭가슴살은 바로 먹을 수 있는 상태로 굽거나 데운 다음 먹기 좋게 잘라 준비한다.
2 묵은지는 물에 씻어 물기를 짠 뒤 잘게 썰어 준비한다.
3 묵은지에 양념 재료를 모두 넣고 골고루 버무린다.
4 전자레인지용기에 오트밀과 물을 넣어 섞고 뚜껑 없이 1분 돌린다.
5 오트밀밥 위에 닭가슴살을 올린다.
6 닭가슴살 위에 3에서 만들어 둔 묵은지를 올린다.

Note

마파두부덮밥

중화요리 좋아하는 다이어터들을 소리 지르게 만든
감칠맛 폭발 마파두부를 그대로 재현했어요.

399kcal 탄수화물 43g | 단백질 30g | 지방 11g | 당류 7g | 식이섬유 3g

재료(1인분)

오트밀 30g
닭가슴살 70g
두부 100g
양파 30g
풀무원 중화마파두부 3큰술
물 50ml

만드는 방법

1 닭가슴살은 해동 상태로 준비한다.
2 닭가슴살, 두부, 양파를 먹기 좋은 크기로 썬다.
3 전자레인지용기에 오트밀, 닭가슴살, 양파, 두부를 넣는다.
4 중화마파두부소스 3큰술과 물을 넣고 골고루 잘 섞는다.
5 전자레인지에 4분 돌린다.

Note

청양베이컨덮밥

알싸한 청양고추와 담백한 베이컨, 고소한 마요네즈가 만나 조화를 이루어요.
옥수수와 양배추로 식감까지 다 잡았어요.

356kcal 탄수화물 40g | 단백질 20g | 지방 13g | 당류 5g | 식이섬유 5g

재료(1인분)

오트밀 30g
물 50ml
양배추 80g
목살베이컨 100g
청양고추 2개
저당 콘옥수수 2큰술
마요네즈 ⅔큰술

만드는 방법

1 목살베이컨과 양배추는 잘게 썰고, 저당 콘옥수수는 물기를 제거해 준비한다.

2 전자레인지용기에 오트밀과 물을 넣은 다음 뚜껑을 덮지 않고 전자레인지에 1분 돌린다.

3 2에 양배추와 저당 콘옥수수, 목살베이컨, 다진 청양고추를 차례로 올린다.

Tip 청양고추의 갯수는 취향에 맞게 조절하세요.

4 뚜껑을 덮지 않고 전자레인지에 3분 돌린 후 마요네즈를 넣고 비빈다.

Note

고기마늘덮밥

고기의 풍미를 높여주고 특유의 향과 맛을 부각시키는 마늘!
두 식재료에 깻잎까지 더해진 '맛없없' 조합이에요.

336kcal 탄수화물 38g | 단백질 18g | 지방 12g | 당류 4g | 식이섬유 6g

재료(1인분)

오트밀 30g
대패목살 50g
마늘 5알
양배추 100g
깻잎 10장
간장 1.5큰술
물 50ml
미림 1큰술
후춧가루 약간
소금 약간

만드는 방법

1 양배추와 깻잎은 채 썰고, 마늘은 편을 썰어 준비한다.
2 전자레인지용기에 대패목살과 마늘, 미림, 소금, 후추를 넣는다.

Tip 후추와 맛소금은 3번씩 톡톡톡 뿌려요.

3 뚜껑을 덮고 전자레인지에 4분 돌린다.
4 또 다른 전자레인지용기에 오트밀과 양배추, 물을 넣고 섞는다.
5 뚜껑을 덮지 않고 전자레인지에 2분 30초 돌린다.
6 오트밀 양배추밥 위에 깻잎을 올리고 간장을 넣어 섞은 다음 대패목살과 마늘을 올린다.

Tip 들깻가루 1큰술을 뿌려 먹으면 훨씬 더 맛있어요.

Note

게살치즈덮밥

아삭한 부추와 부드러운 게맛살의 만남! 고소한 치즈가 어우러져 깊고 풍부한 맛을 자랑하는 레시피랍니다.

323kcal 탄수화물 37g | 단백질 21g | 지방 9g | 당류 5g | 식이섬유 4g

재료(1인분)

오트밀 30g
물 50ml
게맛살 100g
부추 30g
모차렐라치즈 30g
저칼로리 데리야키소스 1큰술

만드는 방법

1 전자레인지용기에 오트밀과 물을 넣고 섞어 1분간 돌린다.
2 부추를 잘게 썰어 오트밀밥 위에 올린다.
3 게맛살을 먹기 좋은 크기로 썰어 부추 위에 올린다.
4 저칼로리 데리야키소스 1큰술을 뿌린다.

Tip 저칼로리 데리야키소스가 없다면 간장 2큰술과 알룰로스 1큰술을 섞어요.

5 모차렐라치즈를 올리고 전자레인지에 2분 돌린다.

Note

명란에그마요덮밥

짭조름하고 담백한 백명란과 부드러운 달걀이 조화를 이루어
남녀노소 모두에게 인기 만점이에요.

371kcal 탄수화물 27g | 단백질 21g | 지방 18g | 당류 1g | 식이섬유 4g

재료(1인분)

오트밀 30g
물 50ml
달걀 2개
저염백명란 1줄
마요네즈 1큰술
부추 30g

만드는 방법

1 전자레인지용기에 오트밀과 물을 넣고 섞은 후 한쪽으로 밀어준다.
2 비어 있는 쪽에 달걀 2개를 풀어 오트밀과 섞이지 않게 넣는다.

Tip 전자레인지에 생달걀을 돌릴 때는 포크로 노른자를 한 번 톡 터뜨린 다음 돌려요.

3 뚜껑을 덮지 않고 전자레인지에 2분 돌린다.
4 숟가락으로 달걀을 으깨고 오트밀밥도 한 번 섞어준다.
5 부추를 잘게 다져 올리고 마요네즈를 뿌린다.
6 달걀 오트밀밥 위에 껍질을 제거한 저염백명란을 올린다.

Note

양양양카레밥

양배추, 양송이버섯, 양파를 넣어 맛과 포만감 그리고 식감까지 모두 잡은
베키표 카레 레시피예요.

387kcal 탄수화물 42g | 단백질 18g | 지방 15g | 당류 7g | 식이섬유 4g

재료(1인분)

오트밀 30g
양송이버섯 2개
양파 ¼개
양배추 40g
카레가루 1봉지
물 130ml
삶은 달걀 2개
파마산치즈가루(선택)

만드는 방법

1 전자레인지용기에 오트밀을 넣고 양송이버섯과 양배추, 양파를 먹기 좋은 크기로 잘라 넣는다.

2 1에 카레가루와 물을 넣고 모두 골고루 섞는다.

Tip 물 양을 100ml로 줄이면 꾸덕한 카레밥, 150ml로 늘리면 부드러운 카레리소토가 돼요.

3 전자레인지에 3분 30초 돌린다.

4 파마산치즈가루를 뿌리고 삶은 달걀을 올린다.

Tip 달걀을 삶기 귀찮을 경우 달걀프라이 또는 스크램블드에그로 대체 가능해요.

Note

오야코동

고소한 오트밀로 만든 닭고기 달걀덮밥이에요.
쯔유 대신 저당 굴소스를 활용해 더 건강하게 즐길 수 있어요.

359kcal 탄수화물 34g | 단백질 34g | 지방 8g | 당류 4g | 식이섬유 5g

재료(1인분)

오트밀 30g
닭가슴살 100g
달걀 1개
양송이버섯 2개
양파 ⅓개

양념 재료

치킨스톡 1큰술
저당 굴소스 1큰술
물 100ml

만드는 방법

1 닭가슴살과 양송이버섯은 먹기 좋은 크기로 잘라 준비한다.
2 양파는 얇게 채 썰어 준비한다.
3 전자레인지용기에 오트밀과 닭가슴살, 양송이버섯, 양파를 넣는다.
4 3에 양념 재료를 넣고 골고루 섞은 다음 달걀을 풀어 올린다.
5 뚜껑을 덮지 않고 전자레인지에 6분 돌린다.

Note

명란두부덮밥

두부조림을 좋아한다면 꼭 먹어야 할 레시피예요. 두부조림 특유의 짠맛을 줄이고 명란의 자연스러운 짭짤함을 더해 맛과 건강 모두 잡았어요.

344kcal 탄수화물 43g | 단백질 25g | 지방 11g | 당류 2g | 식이섬유 12g

재료(1인분)

오트밀 30g
물 50ml
저염백명란 2줄
애호박 ⅓개
두부 100g

양념 재료

진간장 1큰술
고춧가루 1큰술
알룰로스 1큰술
다진 마늘 ½큰술
물 50ml

만드는 방법

1 두부와 애호박, 명란은 먹기 좋은 크기로 잘라 준비한다.

Tip 명란은 1cm 정도의 크기로 자르면 된다.

2 전자레인지용기에 오트밀과 물 50ml를 넣고 잘 섞는다.

3 오트밀밥 위에 두부와 애호박을 올린다.

4 3 위에 해동 상태의 저염백명란을 올린다.

5 준비한 양념 재료를 섞어 양념장을 만든 뒤 붓는다.

6 뚜껑을 덮고 전자레인지에 5분 돌린다.

Note

사케동

부드러운 연어와 아삭한 생양파에 노른자의 고소함까지!
식감과 맛 모두 풍부한 사케동이에요.

376kcal 탄수화물 37g | 단백질 32g | 지방 12g | 당류 2g | 식이섬유 10g

재료(1인분)

오트밀 30g
물 50ml
생연어 100g
양파 ¼개
달걀 1개

양념 재료

간장 1.5큰술
알룰로스 1큰술

Note

만드는 방법

1. 달걀 1개를 꺼내 흰자와 노른자를 분리한다.
2. 양파는 얇게 채 썰어 준비한다.
3. 생연어는 먹기 좋은 크기로 깍둑썰기하여 준비한다.
4. 전자레인지용기에 오트밀과 물, 달걀흰자를 넣고 잘 섞은 다음 뚜껑을 덮지 않고 전자레인지에 1분 30초 돌린다.
5. 얇게 썬 양파를 오트밀 달걀밥 위에 올린다.
6. 손질한 연어를 양파 위에 올린다.
7. 노른자를 연어 위에 올린다.
8. 간장과 알룰로스로 간을 한다.

Tip

* 생양파는 얇게 썰어 물에 10분 정도 담구었다 빼면 양파의 매운맛을 줄일 수 있어요.
* 7번 과정에서 손질한 아보카도를 슬라이스해서 올리면 영양이 더 풍부해요.
  아보카도 추가 시 영양 성분
  453kcal 탄수화물 40g | 단백질 32g | 지방 20g | 당류 2g | 식이섬유 14g

분식집치즈밥

학창 시절 추억의 치즈돌솥밥에서 아이디어를 얻어 개발한 다이어트 레시피예요.
고소한 참치, 아삭한 양파, 모차렐라치즈까지! 바로 만들어 보세요.

353kcal 탄수화물 33g | 단백질 30g | 지방 11g | 당류 2g | 식이섬유 5g

재료(1인분)

오트밀 30g
참치캔 85g
양파 ¼개
모차렐라치즈 30g

양념 재료

저당 고추장 1큰술
저칼로리 케첩 2큰술
물 50ml

만드는 방법

1 양파는 먹기 좋은 크기로 썰어 준비한다.
2 참치는 기름을 제거하여 준비한다.
3 전자레인지용기에 오트밀을 넣는다.
4 오트밀 위에 참치와 양파를 넣는다.
5 양념 재료를 넣고 골고루 섞은 다음 모차렐라치즈를 전체적으로 덮는다.

Tip 치즈의 양은 최대 30g까지만 사용해요.

6 뚜껑을 닫고 전자레인지에 4분 돌린다.

Note

4분 30초

소야덮밥

엄마 반찬 중 가장 밥도둑이었던 소시지야채볶음을 그대로 재현했어요.
고단백 저당 소야덮밥으로 건강하게 드세요.

304kcal 탄수화물 34g | 단백질 19g | 지방 11g | 당류 6g | 식이섬유 4g

재료(1인분)

오트밀 30g
물 50ml
닭가슴살 비엔나소시지 100g
파프리카 50g
양파 ¼개

양념 재료

저칼로리 케첩 2큰술
저당 굴소스 ½큰술
다진 마늘 ⅓큰술

만드는 방법

1. 닭가슴살 비엔나소시지는 칼집을 내어 준비한다.
2. 파프리카와 양파는 엄지손톱 크기로 썰어 준비한다.
3. 전자레인지용기에 닭가슴살 비엔나소시지, 파프리카, 양파를 넣는다.
4. 양념 재료를 모두 넣고 재료들과 잘 섞는다.
5. 뚜껑을 덮지 않고 전자레인지에 3분 30초 돌린다.
6. 다른 전자레인지용기에 오트밀과 물을 넣고 섞는다.
7. 뚜껑을 덮지 않고 전자레인지에 1분 돌린다.
8. 오트밀밥 위에 5에서 만든 소시지야채볶음을 올린다.

Tip 5번 과정까지 조리한 소시지야채볶음은 일반 반찬으로 활용해도 좋아요.

Note

팽이목살덮밥

대패목살, 아삭한 부추, 쫄깃한 팽이버섯이 조화를 이루고
고소한 참기름 향이 감도는 깊은 감칠맛의 오트밀 덮밥 레시피예요.

414kcal 탄수화물 25g | 단백질 23g | 지방 23g | 당류 1g | 식이섬유 8g

재료(1인분)

오트밀 30g
대패목살 80g
사골육수 100ml
팽이버섯 50g
부추 30g
참기름 1큰술
소금 취향껏

만드는 방법

1 팽이버섯과 부추는 잘게 썰어 준비한다.
2 대패목살을 전자레인지용기에 넣고 뚜껑을 덮은 후 5분 돌린다.

Tip 조리 후 나온 기름은 제거해 주세요.

3 전자레인지용기에 오트밀과 대패목살, 팽이버섯, 부추를 넣는다.
4 3에 사골육수 100ml를 넣고 골고루 섞는다.
5 뚜껑을 덮지 않고 전자레인지에 5분 돌린다.
6 참기름을 넣고 소금으로 간을 한다.

Note

훈제오리부추덮밥

진한 풍미의 훈제오리와 향긋한 부추, 아삭한 양파가 어우러져 깊은 맛을 내요.
식이섬유까지 풍부한 영양 가득한 별미예요.

413kcal 탄수화물 36g | 단백질 21g | 지방 22g | 당류 2g | 식이섬유 10g

재료(1인분)

오트밀 30g
물 50ml
훈제오리 80g
양파 ¼개
부추 15g

양념 재료

진간장 1.5큰술
알룰로스 1큰술

만드는 방법

1 양파는 얇게 슬라이스하고, 부추는 잘게 썰어 준비한다.
2 훈제오리는 손가락 한 마디 정도의 크기로 잘라 준비한다.
3 전자레인지용기에 오트밀과 물을 넣고 섞는다.
4 3위에 훈제오리와 채소, 양념 재료를 넣는다.
5 뚜껑을 덮지 않고 전자레인지에 3분 돌린다.

Note

토마토칠리새우덮밥

탱글한 새우와 상큼한 토마토를 베키표 특제 저당 칠리소스로 조리해요.
고단백, 저지방에 풍부한 식이섬유까지 맛과 영양을 모두 잡았답니다.

342kcal 탄수화물 39g | 단백질 35g | 지방 5g | 당류 3g | 식이섬유 10g

재료(1인분)

오트밀 30g
물 50ml
새우살 또는 칵테일새우 150g
방울토마토 6개

양념 재료

다진 마늘 ½큰술
진간장 1큰술
사과식초 1큰술
저칼로리 케첩 2큰술
고춧가루 ⅔큰술
알룰로스 1큰술

만드는 방법

1 새우살은 해동 상태로 준비한다.
2 방울토마토는 반으로 잘라 준비한다.
3 전자레인지용기에 새우와 토마토를 넣은 다음 양념 재료를 넣고 골고루 섞는다.

Tip 잘게 다진 양파 반 줌을 넣으면 더 맛있어요.

4 뚜껑을 덮고 전자레인지에 5분 돌린다.
5 다른 전자레인지용기에 오트밀과 물을 넣고 섞은 후 전자레인지에 1분 돌린다.
6 오트밀밥 위에 3에서 만든 토마토칠리새우를 올린다.

Note

알배추참치덮밥

고단백 참치와 달큼한 알배추로 시작해 부드러운 달걀로 마무리한
감칠맛 나는 오트밀 덮밥. 균형 잡힌 영양과 포만감까지 책임지는 레시피랍니다.

312kcal 탄수화물 26g | 단백질 30g | 지방 9g | 당류 2g | 식이섬유 4g

재료(1인분)

오트밀 30g
물 50ml
알배추 6장
참치캔 85g
달걀 1개

양념 재료

진간장 1큰술
다진 마늘 ⅓큰술

만드는 방법

1 알배추는 먹기 좋은 크기로 자르고 참치는 기름을 제거해 준비한다.

Tip 알배추는 1cm 정도 너비로 잘라 주면 좋아요.

2 전자레인지용기에 알배추와 참치를 넣고 양념 재료를 넣는다.

Tip 매운맛을 좋아하면 이 과정에서 청양고추 1개를 다져 넣어요.

3 뚜껑을 덮고 전자레인지에 3분 돌린다.

4 다른 전자레인지용기에 오트밀과 물을 넣고 섞는다.

5 오트밀 위에 3에서 만들어 두었던 알배추참치를 올린다.

6 가운데 오목하게 자리를 만들어 달걀 하나를 올린 다음 포크로 노른자를 살짝 터뜨린다.

7 뚜껑을 덮지 않고 전자레인지에 4분 돌린다.

Note

돼지가지솥밥

향과 맛, 식감까지 다 잡았어요.
가지를 싫어하는 사람도 가지를 사게 만드는 마성의 레시피예요.

349kcal 탄수화물 36g | 단백질 20g | 지방 12g | 당류 6g | 식이섬유 7g

재료(1인분)

오트밀 30g
물 50ml
돼지고기 다짐육 80g
부추 40g
가지 1개

양념 재료

진간장 2큰술
알룰로스 1큰술
치킨스톡 ½큰술
다진 마늘 ⅔큰술

만드는 방법

1 가지는 먹기 좋은 크기로 깍둑썰기해 준비한다.
2 부추는 잘게 썰어 준비한다.
3 전자레인지용 찜기에 오트밀과 물 50ml를 넣는다.
4 3 위에 돼지고기 다짐육을 올리고 부추, 가지를 순서대로 올린다.
5 양념 재료를 모두 섞어 가지 위에 뿌린다.
6 뚜껑을 덮어 전자레인지에 4분 돌린 후 섞어주고 3분 추가 조리한다(총 7분 조리).

Tip

* 매콤한 맛을 원하면 레드페퍼나 청양고추 1개를 다져 넣어요.
* 마지막에 파마산치즈가루를 톡톡 뿌리면 더 맛있어요.

Note

불고기미나리솥밥

단짠단짠 맛의 불고기와 향긋한 미나리, 표고버섯의 재미있는
식감이 만난 초간단 레시피예요.

353kcal 탄수화물 39g | 단백질 28g | 지방 11g | 당류 1g | 식이섬유 12g

재료(1인분)

오트밀 30g
물 50ml
불고기용 소고기 100g
미나리 한 줌
표고버섯 2개

양념 재료

진간장 2큰술
알룰로스 1큰술
고춧가루 ½큰술
다진 마늘 ½큰술
물 3큰술

만드는 방법

1 표고버섯은 먹기 좋은 크기로 슬라이스해 준비한다.
2 전자레인지용기에 오트밀과 물 50ml를 넣고 섞는다.
3 그 위에 손질한 미나리와 표고버섯, 소고기를 올린다.
4 양념 재료를 모두 섞어 올린다.
5 뚜껑을 덮고 전자레인지에 6분 30초 돌린다.
6 고기를 먹기 좋은 크기로 자른 후 골고루 섞는다.

Tip 불고기용 소고기 100g 대신 대패목살 70g 정도로 대체해도 좋아요.

Note

명란양배추솥밥

베스트 오브 베키표 레시피! 담백한 저염명란과 고소한 참기름,
달큼한 양배추가 만나 자꾸 손이 가는 완벽한 식단을 만들었어요.

403kcal 탄수화물 32g | 단백질 22g | 지방 20g | 당류 4g | 식이섬유 6g

재료(1인분)

오트밀 30g
저염백명란 150g(2줄 정도)
양배추 130g
물 50ml
대파 ⅓줄기
청양고추 1개
참기름 1~2큰술
통깨 취향껏
달걀 1개

Note

만드는 방법

1 대파와 청양고추는 잘게 다져 준비한다.
2 저염명란이나 초저염명란 등 양념이 되지 않은 저염백명란을 준비한다.
3 양배추는 잘게 채 썰어 준비한다.
4 전자레인지용기에 오트밀과 물을 넣고 섞는다.
5 양배추, 대파, 청양고추를 순서대로 올린다.
6 저염백명란을 손가락 한 마디 크기로 잘라 올린다.
7 뚜껑을 닫고 전자레인지에 6분 돌린 후 참기름과 통깨를 뿌려 마무리한다.

Tip

* 5번 과정에서 표고버섯을 슬라이스해 넣으면 더 맛있고 영양가 있어요.
* 참기름은 더 넣을수록 맛있으나 칼로리가 높아지니 너무 많은 양을 넣지 않도록 주의해요.

햄김치볶음밥

닭가슴살햄으로 단백질을 높이고 지방을 낮추었어요.
담백하면서도 김치의 깊은 맛을 살린 건강한 김치볶음밥 레시피예요.

342kcal 탄수화물 37g | 단백질 33g | 지방 10g | 당류 2g | 식이섬유 11g

재료(1인분)

오트밀 30g
묵은지 100g
닭가슴살햄 100g
달걀 1개
물 50ml
저당 굴소스 ⅔큰술
알룰로스 ½큰술
올리브오일 약간

만드는 방법

1 닭가슴살햄과 묵은지는 잘게 썰어 준비한다.
2 전자레인지용기에 오트밀과 닭가슴살햄, 묵은지를 담는다.
3 저당 굴소스와 알룰로스, 물을 넣고 잘 섞는다.
4 뚜껑을 닫지 않고 전자레인지에 3분 돌린다.
5 조리되는 동안 프라이팬에 올리브오일을 살짝 두른 뒤 달걀프라이를 만든다(생략 가능).
6 조리된 햄김치볶음밥에 달걀프라이를 올린다.

Tip 볶음밥 간은 '간장'으로 취향껏 조절해요.

Note

4분 30초

오징어볶음밥

당 함량은 낮추고 풍미는 더 제대로 살렸어요.
식이섬유와 단백질은 높고 맛은 식당 맛 그대로인 오징어볶음을 만들어요.

431kcal 탄수화물 52g | 단백질 31g | 지방 14g | 당류 4g | 식이섬유 15g

재료(1인분)

오트밀 30g
손질 오징어 150g
양파 ¼개
대파 ½줄기
올리브오일 ½큰술
물 50ml

양념 재료

진간장 1.5큰술
고춧가루 1.5큰술
알룰로스 1큰술
다진 마늘 ½큰술
후추 약간

Note

만드는 방법

1 양념 재료를 골고루 섞어 양념장을 준비한다.
2 양파는 채 썰고 대파는 먹기 좋은 크기로 자른다.

Tip 대파는 손가락 두 마디 정도 크기로 길게 썰어야 맛있어요.

3 전자레인지용기에 올리브오일을 넣는다.
4 3에 준비된 양념장을 펴 넓게 깐다.
5 뚜껑을 닫지 않고 전자레인지에 30초 조리한다.
6 5에 해동 상태의 손질 오징어와 대파, 양파를 넣고 양념과 골고루 비빈다.
7 잘 어우러진 오징어와 양념을 전자레인지용기 한쪽으로 밀어 공간을 만든다.
8 빈 공간에 오트밀과 물을 넣고 잘 섞는다.
9 전자레인지 2분 돌린 후 한 번 섞고 추가로 2분 더 돌린다(총 4분 조리).

Tip 7~8번 과정을 생략하면 맛있는 오징어볶음 반찬이 돼요.

토마토달걀볶음밥

상큼한 토마토와 알싸한 마늘, 부드러운 달걀이 잘 어울려요.

417kcal 탄수화물 35g | 단백질 19g | 지방 27g | 당류 4g | 식이섬유 5g

재료(1인분)

오트밀 30g
올리브오일 1큰술
방울토마토 5알
마늘 2알
부추 15g
저당 굴소스 1큰술
알룰로스 ½큰술
달걀 2개
물 50ml

만드는 방법

1 방울토마토는 반으로 가르고, 마늘은 편 썰기, 부추는 잘게 썰어 준비한다.
2 전자레인지용기에 올리브오일, 방울토마토, 마늘, 부추를 넣고 골고루 섞는다.
3 뚜껑을 덮지 않고 전자레인지에 2분 돌린다.
4 달걀을 잘 풀어 달걀물을 만든다.
5 3에 달걀물과 오트밀, 물, 저당 굴소스, 알룰로스를 넣고 골고루 섞는다.
6 뚜껑을 덮지 않고 전자레인지에 3분 돌린다.

Note

햄달걀볶음밥

담백한 닭가슴살햄과 신선한 채소를 듬뿍 넣었어요.
달걀볶음밥 맛은 그대로, 지방과 탄수화물 함량은 낮은 레시피예요.

361kcal 탄수화물 43g | 단백질 28g | 지방 9g | 당류 2g | 식이섬유 6g

재료(1인분)

오트밀 40g
닭가슴살햄 100g
당근 ¼개
양파 ¼개
애호박 ⅓개
쪽파 10g
달걀 1개
저당 굴소스 1큰술
물 50ml

만드는 방법

1 닭가슴살햄을 먹기 좋은 크기로 깍둑썰기한다.
2 당근, 애호박, 양파, 쪽파는 잘게 다져 준비한다.
Tip 채소 손질이 번거롭다면 시중에 파는 볶음밥용 채소를 사용해 보세요.
3 전자레인지용기에 오트밀, 닭가슴살햄, 다진 채소, 달걀을 넣는다.
4 오트밀 쪽에 물을 넣어 오트밀과 물이 잘 섞이도록 한다.
5 포크로 달걀노른자를 터트린 후 풀어준다.
6 뚜껑을 덮지 않고 전자레인지에 1분 30초 돌린다.
7 저당 굴소스 1큰술을 넣고 골고루 섞는다.
8 뚜껑을 덮지 않고 전자레인지에 2분 30초 추가 조리한다.

Note

대패숙청볶음밥

혈당을 낮추고 체중 감량을 돕는 숙주와 청경채가 듬뿍!
간단한 조리 과정에 비해 감칠맛이 남다른 볶음밥이에요.

349kcal 탄수화물 30g | 단백질 20g | 지방 12g | 당류 1g | 식이섬유 5g

재료(1인분)

오트밀 30g
대패목살 80g
청경채 한 포기
숙주 한 줌
저당 굴소스 2큰술
후추 약간
물 100ml

만드는 방법

1 청경채와 숙주는 깨끗이 씻어 손질해 준비한다.
2 전자레인지용기에 대패목살과 후추를 넣고 뚜껑을 덮어 3분 돌린다.
3 고기 기름을 제거하고 오트밀과 물, 저당 굴소스를 넣고 섞는다.
4 3 위에 숙주와 청경채를 올린다.
5 뚜껑을 살짝 얹어서 덮고 전자레인지에 4분 돌린다.

Note

떠 먹는 소고기피자

불고기피자와 치즈리소토의 완벽한 만남!
자극적인 맛이 당길 때 부담 없이 즐겨보세요.

367kcal 탄수화물 30g | 단백질 32g | 지방 15g | 당류 4g | 식이섬유 6g

재료(1인분)

오트밀 30g
물 50ml
소고기 80g
모차렐라치즈 30g
블랙올리브 20g
토마토퓨레 3큰술
양송이버섯 2개
양파 ⅓개

Note

만드는 방법

1 소고기는 기름 없는 부위로 선택해 먹기 좋은 크기로 잘라 준비한다.
2 양송이버섯과 양파, 블랙올리브는 슬라이스해 준비한다.
3 전자레인지용기에 소고기를 넣고 뚜껑을 덮은 다음 4분간 돌린다.

Tip 프라이팬에 구워서 익혀도 돼요.

4 전자레인지용기에 오트밀과 물, 토마토퓨레를 넣고 골고루 섞은 다음 뚜껑을 덮지 않고 전자레인지에 2분 돌린다.
5 4를 골고루 섞은 뒤 접시 크기에 맞게 편다.
6 양송이버섯과 양파, 소고기, 올리브를 차례로 올린다.
7 모차렐라치즈를 전체적을 덮는다.
8 뚜껑을 덮지 않고 전자레인지에 3분 30초 돌린다.

양송이크림리소토

고소한 저지방 우유와 진한 사골육수로 완성한 저칼로리 크림리소토!
양송이버섯, 양파, 고기의 깊은 풍미가 마음까지 행복하게 만들어요.

340kcal 탄수화물 34g | 단백질 21g | 지방 12g | 당류 6g | 식이섬유 4g

재료(1인분)

오트밀 30g
돼지고기(안심) 60g
(새우살 100g으로 대체 가능)
양송이버섯 2개
양파 ¼개

소스 재료

사골육수 100ml
저지방 우유 50ml
치킨스톡 ⅔큰술
후추 약간

만드는 방법

1 돼지고기는 먹기 좋게 깍둑썰기한다.
2 양파와 양송이버섯은 얇게 슬라이스해 준비한다.
3 전자레인지용기에 오트밀, 양송이버섯, 양파, 돼지고기를 모두 넣는다.

Tip 매콤함을 추가하고 싶다면 이 과정에서 청양고추를 하나 썰어 넣어요.

4 저지방 우유와 사골육수, 치킨스톡을 넣고 골고루 섞는다.

Tip 저지방 우유는 아몬드브리즈나 고단백 두유로 대체해도 좋아요.

5 뚜껑을 덮지 않고 전자레인지에 4분 돌린다.
6 5를 꺼내 전체적으로 섞어준 뒤 추가로 1분 30초 돌린다.

Note

김치참치리소토

진한 사골육수의 풍미와 묵은지의 매콤새콤함이 잘 어울어진 오트밀 레시피예요.
쫀득한 모차렐라치즈까지 더해 도파민 뿜뿜이랍니다.

332kcal 탄수화물 26g | 단백질 35g | 지방 9g | 당류 2g | 식이섬유 5g

재료(1인분)

오트밀 30g
묵은지 100g
모차렐라치즈 30g
참치캔 85g
사골육수 100ml

만드는 방법

1 묵은지는 엄지손톱 크기로 잘게 썰어 준비한다.
2 참치는 기름을 제거해 준비한다.
3 전자레인지용기에 재료를 모두 넣고 골고루 섞는다.
4 뚜껑을 덮지 않고 전자레인지에 4분 조리한다.

Tip

* 더 꾸덕한 질감을 원하면 1분 더 돌려요.
* 김 2~3장을 부숴 넣거나 싸 먹으면 더 맛있어요.

Note

토마토치킨리소토

토마토의 깊은 감칠맛과 닭고기의 담백함,
치즈의 부드러움이 잘 어우러지는 토마토리소토예요.

350kcal 탄수화물 33g | 단백질 35g | 지방 9g | 당류 6g | 식이섬유 5g

재료(1인분)

오트밀 30g
닭가슴살 100g
모차렐라치즈 20g
양파 ¼개
양송이버섯 2개
물 150ml

소스 재료

토마토퓨레 3.5큰술
토마토페이스트 1큰술
치킨스톡 1큰술

만드는 방법

1 닭가슴살은 먹기 좋은 크기로 잘라 준비한다.
2 양파와 양송이버섯은 채 썰어 준비한다.
3 전자레인지용기에 오트밀, 닭가슴살, 모차렐라치즈, 양파, 양송이버섯을 넣는다.
4 3에 소스 재료와 물을 넣고 모든 재료를 골고루 섞는다.
5 뚜껑을 덮지 않고 전자레인지에 3분 돌린다.
6 전자레인지용기를 꺼내 내용물을 전체적으로 섞는다.
7 뚜껑을 덮지 않고 전자레인지에 3분 30초 더 돌린다.

Note

불닭새우리소토

불꽃 같은 매콤함과 크림의 부드러움,
탱글한 새우의 식감이 어우러져 한 번 먹으면 계속 생각나요.

422kcal 탄수화물 29g | 단백질 36g | 지방 18g | 당류 5g | 식이섬유 4g

재료(1인분)

오트밀 30g
칵테일새우 100g
양파 ¼개
양송이버섯 2개
올리브오일 1큰술
다진 마늘 ½큰술

소스 재료

저당 불닭소스 1큰술
우유 50ml
물 50ml
체다치즈 1장

만드는 방법

1 양파와 양송이버섯은 채 썰어 준비하고, 칵테일새우는 해동한다.
2 전자레인지용기에 올리브오일, 다진 마늘, 칵테일새우, 양파를 넣고 골고루 섞은 다음 뚜껑을 덮지 않고 3분 돌린다.
3 2에 양송이버섯과 소스 재료를 넣는다.
4 뚜껑을 덮지 않고 전자레인지에 4분 돌린 후 꺼내어 전체적으로 섞는다.

Tip 더 꾸덕한 질감을 원하면 뚜껑을 덮지 않고 1분 더 돌려요.

Note

꼬막비빔밥

베키표 저당 양념으로 무친 쫄깃한 꼬막!
부추의 아삭한 식감까지 더해 재밌는 맛이에요.

334kcal 탄수화물 42g | 단백질 17g | 지방 13g | 당류 2g | 식이섬유 9g

재료(1인분)

꼬막 100g
부추 20g
오트밀 30g
물 50ml

양념 재료

다진 마늘 ¼큰술
진간장 ⅔큰술
알룰로스 ½큰술
고춧가루 ⅓큰술
참기름 1큰술

만드는 방법

1 꼬막은 해동 상태로 준비한다.
2 오트밀과 물을 섞고 잘게 썬 부추를 올린 다음 전자레인지에 1분 30초 돌린다.
3 다른 그릇에 꼬막과 양념 재료를 모두 넣고 섞는다.
4 2 위에 양념 꼬막을 올린다.

Tip 도시락김 2~3장을 부숴 넣거나 싸 먹으면 더 맛있어요.

Note

참치콩나물밥

참치와 콩나물을 넣어 포만감을 더했어요.
베키표 맛 보장 저당 양념장에 쓱쓱 비벼 먹는 비빔밥 레시피예요.

323kcal 탄수화물 35g | 단백질 27g | 지방 8g | 당류 4g | 식이섬유 4g

재료(1인분)

오트밀 30g
물 50ml
콩나물 100g
참치캔 85g

양념 재료

간장 2큰술
알룰로스 ⅔큰술
다진 마늘 ⅓큰술
참기름 ½큰술
다진 파 1큰술
다진 청양고추 1개(생략 가능)

만드는 방법

1 전자레인지용 찜기에 오트밀과 물을 넣고 섞는다.
2 깨끗이 씻은 콩나물과 기름기를 뺀 참치를 올린다.
3 양념 재료를 모두 섞어 올린다.
4 찜기 뚜껑을 닫고 전자레인지에 5분 돌린 후 골고루 비빈다.

Note

명란부추비빔밥

감칠맛 나는 명란무침과 신선한 생부추가 잘 어울리는 오트밀 비빔밥이에요.
달걀프라이가 명란의 짭짤한 맛을 잘 잡아 환상의 조화를 이루어요.

299kcal 탄수화물 29g | 단백질 21g | 지방 10g | 당류 1g | 식이섬유 4g

재료(1인분)

오트밀 30g
물 50ml
저염백명란 65g
달걀 1개
청양고추 1개
다진 마늘 ½큰술
부추 30g

만드는 방법

1 저염백명란의 껍질을 제거해 준비한다.
2 부추와 청양고추는 잘게 다져 준비한다.
3 저염백명란과 청양고추, 다진 마늘을 섞어 명란무침을 만든다.
4 전자레인지용기에 오트밀과 물을 넣는다.
5 뚜껑을 덮지 않고 전자레인지에 1분 돌린다.
6 오트밀밥 위에 부추를 올리고 명란무침을 올린다.
7 달걀프라이 1개를 만들어 올린다(생략 가능).

Note

매콤마요비빔밥

알싸한 스리라차와 고소한 마요네즈가 어우러져 꽤 중독성이 있어요.
풍부한 식이섬유로 든든함까지 더한 색다른 매력을 맛보세요.

324kcal 탄수화물 39g | 단백질 27g | 지방 10g | 당류 6g | 식이섬유 4g

재료(1인분)

오트밀 30g
물 50ml
양배추 70g
참치캔 85g

양념 재료

스리라차 2큰술
마요네즈 1큰술
알룰로스 1큰술

만드는 방법

1 참치는 기름을 제거하고, 양배추는 채 썰어 준비한다.
2 전자레인지용기에 오트밀과 물을 넣는다.

Tip 물 대신 사골육수 50ml으로 변경하면 더 맛있게 먹을 수 있어요.

3 양배추와 참치를 차례로 올린다.
4 뚜껑을 닫지 않고 전자레인지에 3분 돌린다.
5 4에 양념 재료를 모두 넣고 골고루 비빈다.

Note

소고기들깨미역죽

소고기와 고소한 들깨가 잘 어우러져 깊고 풍부한 맛을 내요.
영양이 가득한 한 끼로 속을 뜨끈하고 든든하게 채워준답니다.

345kcal 탄수화물 33g | 단백질 25g | 지방 11g | 당류 0g | 식이섬유 2g

재료(1인분)

오트밀 30g
소고기 100g
자른 미역 6g

양념 재료

다진 마늘 ½큰술
들깻가루 1큰술
사골육수 200ml
소금 약간

만드는 방법

1 미역은 물에 담가 15분 정도 불린다.

Tip 20분 이상 불리면 더 부드러운 미역을 맛볼 수 있어요.

2 전자레인지용기에 오트밀, 소고기, 미역, 다진 마늘, 소금을 넣는다.

3 2에 사골육수를 붓고 잘 섞은 다음 뚜껑을 덮지 않고 전자레인지에 4분 돌린다.

4 들깻가루 1큰술을 넣고 잘 섞는다.

Note

알배추된장죽

제가 어릴 때는 김장날 보쌈과 함께 먹는 배추된장죽을 먹었는데 그 맛을 잊을 수가 없더라고요. 깊은 맛이 일품이에요.

390kcal 탄수화물 30g | 단백질 30g | 지방 18g | 당류 2g | 식이섬유 5g

재료(1인분)

오트밀 30g
돼지고기(안심) 80g
알배추 4장
사골육수 150ml

양념 재료

새우젓 ⅔작은술
된장 ⅓큰술
다진 마늘 ¼큰술

만드는 방법

1 알배추는 1cm 간격으로 썰어 준비한다.
2 전자레인지용기에 오트밀, 알배추, 돼지고기를 넣는다.
3 2에 양념 재료를 모두 넣는다.
4 사골육수를 붓고 모든 재료를 골고루 섞는다.
5 뚜껑을 덮고 전자레인지에 5분 돌린다.
6 5를 꺼내 뚜껑을 열고 전체적으로 섞은 뒤 뚜껑을 덮지 않고 전자레인지에 3분 더 돌린다.

Tip

* 고춧가루를 뿌리면 더 맛있게 먹을 수 있어요.
* 돼지고기 대신 소고기 국거리용으로 대체하면 또 다른 맛의 된장죽이 돼요.

Note

고깃집된장죽

구수하고 든든한 고깃집 된장찌개를 좋아하는 한식 러버 다이어터에게
최적화된 변비 탈출 레시피예요.

422kcal 탄수화물 36g | 단백질 35g | 지방 14g | 당류 3g | 식이섬유 5g

재료(1인분)

오트밀 30g
애호박 ⅓개
두부 100g
팽이버섯 ½봉지
양파 ¼개
소고기 100g
청양고추 1개

양념 재료

된장 ⅔큰술
청국장가루 1큰술
치킨스톡 1큰술
물 200ml
(사골육수 150ml)

Note

만드는 방법

1. 애호박, 팽이버섯, 양파는 먹기 좋은 크기로 잘라 준비한다(백 원짜리 동전 크기 정도).
2. 두부와 소고기는 손가락 한 마디 정도로 자르고 청양고추는 어슷썰기한다.
3. 전자레인지용기에 오트밀을 넣는다.
4. 3 위에 애호박, 팽이버섯, 양파, 청양고추를 올리고 두부와 소고기도 넣는다.
5. 양념 재료와 물 또는 사골육수를 넣고 골고루 섞는다.
6. 뚜껑을 닫고 전자레인지에 10분 돌린다.

Tip

* 청국장가루를 생략할 경우 된장을 취향껏 조절해요.
* 물에 코인육수 1개를 넣으면 더 깊은 맛을 느낄 수 있어요.

고기짬뽕밥

다이어트 중에도 마음 편히 먹을 수 있는 건강한 짬뽕밥이에요.
특제 양념으로 만든 얼큰한 육수가 일품이에요.

455kcal 탄수화물 39g | 단백질 28g | 지방 22g | 당류 4g | 식이섬유11g

재료(1인분)

오트밀 30g
대패목살 80g
마늘 3알
부추 15g
팽이버섯 30g
청양고추 1개
사골육수 200ml

양념 재료

고춧가루 1.5큰술
저당 굴소스 1큰술
진간장 1큰술
치킨스톡 ½큰술

만드는 방법

1 부추와 팽이버섯은 먹기 좋은 크기로 썰고, 청양고추는 어슷썰기, 마늘은 편 썰기해 준비한다.
2 전자레인지용기에 대패목살과 마늘, 청양고추를 넣은 다음 뚜껑을 덮고 전자레인지에 3분 돌린다.
Tip 청양고추보다 베트남고추를 2~3개 넣으면 더 얼큰하고 맛있어요.
3 2에 오트밀과 팽이버섯, 부추, 양념 재료를 모두 넣는다.
4 사골육수를 붓고 모든 재료와 양념을 섞는다.
5 뚜껑을 덮지 않고 전자레인지에 5분 돌린다.
6 5를 꺼내 전체적으로 골고루 섞은 뒤 3분 30초 더 돌린다.

Note

순두부찌개밥

다이어트 중 매콤한 찌개가 그리울 때, 순두부와 오트밀로 영양가는 채우고
칼로리는 부담 없이 즐길 수 있는 순두부찌개밥을 맛보세요.

346kcal 탄수화물 37g | 단백질 21g | 지방 12g | 당류 1g | 식이섬유 2g

재료(1인분)

오트밀 30g
순두부 200g
애호박 100g
청양고추 1개
대파 30g
달걀 1개

양념 재료

다담 순두부찌개양념 7큰술
물 200ml

만드는 방법

1 애호박과 청양고추, 대파는 먹기 좋은 크기로 썰어 준비한다.
2 전자레인지용기에 오트밀, 순두부, 애호박, 청양고추, 대파를 담고 물을 붓는다.
3 2에 순두부찌개양념을 넣고 달걀 흰자를 풀어 넣는다.
4 전자레인지에 4분 돌린 후 꺼내서 한 번 섞고 3분 더 돌린다(총 7분 조리).
5 조리가 끝난 후 달걀노른자를 올린다.

Note

소고기고추장찌개

늘 칼로리 부담되었던 고추장찌개, 이제 가볍게, 맛있게 먹어요.

372kcal 탄수화물 38g | 단백질 31g | 지방 11g | 당류 4g | 식이섬유 7g

재료(1인분)

오트밀 30g
소고기 100g
애호박 ½개
양파 ⅓개

양념 재료

치킨스톡 1큰술
저당 고추장 ½큰술
고춧가루 ½큰술(선택)
사골육수 200ml

만드는 방법

1 애호박과 소고기, 양파는 손가락 한 마디 크기로 썰어 준비한다.
2 전자레인지용기에 오트밀과 애호박, 양파, 소고기를 넣는다.

Tip 매운맛을 좋아하면 청양고추도 한 개 썰어 같이 넣어요.

3 2에 양념 재료를 모두 넣고 골고루 섞는다.
4 뚜껑을 덮고 전자레인지에 6분 돌린다.
5 전체적으로 섞은 다음 뚜껑을 덮지 않고 전자레인지에 4분 더 돌린다.

Note

오코노미야키

양배추와 달걀 반죽에 저당 소스로 맛을 낸 전자레인지 오코노미야키.
일본 철판요리 부럽지 않은 맛을 자랑해요.

357kcal 탄수화물 33g | 단백질 22g | 지방 15g | 당류 5g | 식이섬유 6g

재료(1인분)

오트밀 30g
양배추 130g
달걀 2개
마요네즈 1큰술
데리야키소스 1큰술
가쓰오부시 5g

만드는 방법

1 양배추를 잘게 채 썰어 준비한다.
2 달걀 2개를 풀어서 달걀물을 만든다.
3 널찍한 전자레인지용기에 오일을 살짝 바른다.
4 오트밀과 채 썬 양배추, 달걀물을 골고루 섞은 후 3에 담고 전자레인지에 4분 돌린다.
5 마요네즈와 데리야키소스를 뿌리고 가쓰오부시를 올린다.

Tip 데리야키소스 대신 저칼로리 바비큐소스로 대체해도 맛있어요.

Note

Part 2
또띠아 레시피

또띠아만 있으면 패스트푸드점이나 카페에서 파는
랩 샌드위치, 피자 등 다양한 다이어트 레시피를 만들 수 있어요.
맛과 영양 모두 담아요.

리치골드랩

달콤한 고구마, 담백한 닭가슴살, 고소한 크림치즈까지!
맛이 없을 수 없는 황금 레시피예요. 다양한 맛과 식감을 한입에 느낄 수 있답니다.

306kcal 탄수화물 35g | 단백질 28g | 지방 8g | 당류 5g | 식이섬유 9g

재료(1인분)

또띠아 1장
닭가슴살 100g
고구마 50g
크림치즈 라이트 30g
알룰로스 1큰술

만드는 방법

1 고구마를 전자레인지용 찜기나 비닐에 넣고 구멍을 뚫어 전자레인지에 5분 돌린다.
2 닭가슴살, 찐 고구마, 크림치즈, 알룰로스를 볼에 넣고 포크로 으깨듯이 눌러 가며 섞는다.
3 또띠아를 전자레인지에 1분 정도 데운다.
4 또띠아보다 큰 사이즈의 비닐랩 위에 또띠아를 올리고 2를 올린다.
5 비닐랩으로 김밥 말듯이 또띠아를 감싼 뒤 먹기 좋은 크기로 자른다.

Tip

* 크림치즈가 없다면 그릭요거트를 사용해도 좋아요. 신맛이 강한 경우 알룰로스 혹은 스테비아를 추가해 주세요.
* 시나몬가루를 살짝 뿌려 먹으면 맛이 한층 더 배가 돼요.

Note

케이준치킨스낵랩

패스트푸드점 케이준스낵랩 맛은 그대로
칼로리는 줄이고 영양가와 포만감은 높였어요.

281kcal 탄수화물 23g | 단백질 17g | 지방 13g | 당류 1g | 식이섬유 4g

재료(1인분)

또띠아 1장
목살베이컨 30g(2장)
케이준치킨텐더 1조각
양상추 한 주먹
저당 마요네즈 취향껏
저당 머스터드 취향껏

만드는 방법

1 전자레인지에 케이준치킨텐더 1조각을 2분간 돌린다.
2 전자레인지에 목살베이컨을 45초간 돌린다.
3 또띠아보다 넓은 사이즈의 비닐랩 위에 또띠아를 올린다.
4 깨끗하게 씻어 물기를 제거한 양상추를 올린다.
5 목살베이컨과 케이준치킨텐더를 올린다.
6 저당 마요네즈와 저당 머스터드를 뿌린다.
7 비닐랩을 감싼 후 반으로 자른다.

Tip

* 영양 성분은 마요네즈 10g 기준이니 너무 많은 양을 섭취하지 않도록 주의해요.
* 케이준치킨텐더 대신 두부텐더를 활용해도 좋아요.

Note

불닭마요크래미랩

매콤하고 크리미한 소스가 크래미의 달콤하고 부드러운 맛과
잘 어우러져 독특한 풍미를 내요.

235kcal 탄수화물 29g | 단백질 11g | 지방 9g | 당류 6g | 식이섬유 2g

재료(1인분)

또띠아 1장
크래미 100g
깻잎 10장
저당 불닭소스 10g
올리브오일 마요네즈 10g

만드는 방법

1 또띠아를 전자레인지에 1분 정도 데운다.
2 깻잎 10장을 깨끗하게 씻어 물기를 제거한 뒤 또띠아 위에 올린다.
3 크래미를 결대로 찢어 올린다.
4 저당 불닭소스와 올리브오일 마요네즈를 뿌린 다음 먹기 좋은 크기로 접는다.

Tip

* 깻잎 대신 다른 채소로 대체해도 좋아요.
* 크래미 대신 닭가슴살을 찢어 넣어도 좋아요.
* 단백질을 조금 더 섭취하고 싶다면 달걀프라이 1개를 추가해요.

달걀 추가 시 영양 성분
309kcal 탄수화물 29g, 단백질 18g, 지방 14g, 당류 6g, 식이섬유2g

Note

소고기토마토피자

담백한 소고기와 상큼한 토마토에 어린잎채소까지 더해 가볍고 든든해요.
곰손도 쉽게 할 수 있는 예쁜 플레이팅 덕에 손님 대접용으로도 좋아요.

372kcal 탄수화물 25g | 단백질 30g | 지방 16g | 당류 3g | 식이섬유 1g

재료(1인분)

또띠아 1장(지름 20cm)
소고기 70g
어린잎채소 30g
토마토소스 2큰술
방울토마토 5개
모차렐라치즈 30g
파마산치즈가루 조금

만드는 방법

1 소고기는 전자레인지용기에 넣어 뚜껑을 닫고 5분 돌린 뒤 국물을 제거해 준비한다.

Tip 소고기는 기름이 적은 부위를 활용하세요.

2 방울토마토는 반으로 잘라 준비한다.
3 또띠아 위에 토마토소스를 펴 바른다.
4 토마토소스 위에 방울토마토, 익힌 소고기, 모차렐라치즈를 순서대로 올린다.
5 전자레인지에 3분 돌린 후 먹기 좋은 크기로 자른다.
6 깨끗하게 씻은 어린잎채소를 올리고 파마산치즈가루도 뿌린다.

Note

참치에그마요랩

절인 양파와 참치, 메추리알을 듬뿍 넣어 만든 든든한 단백질 속 재료,
거기에 루꼴라까지! 영양이 꽉 찬 다이어트 랩이에요.

351kcal 탄수화물 26g | 단백질 29g | 지방 17g | 당류 1g | 식이섬유 1g

재료(1인분)

또띠아 1장(지름 20cm)
삶은 메추리알 6개(삶은 달걀 1개로 대체 가능)
양파 ⅓개
소금 ½작은술
저당 스위트콘 1큰술
참치캔 85g
루꼴라 20g

소스 재료

저당 마요네즈 1큰술
저당 머스터드 2큰술

만드는 방법

1 양파를 채 썬 다음 그릇에 담아 소금을 넣고 조물조물 섞은 뒤 10분간 재운다.
2 양파가 절여져 흐물해지면 물기를 꽉 짠다.
3 그릇에 또띠아와 루꼴라를 제외한 재료와 소스 재료를 넣고 비빈다.
4 또띠아를 접시에 놓고 전자레인지에 1분 돌린다.
5 비닐랩 위에 또띠아를 올리고 루꼴라를 올린다.

Tip 루꼴라 대신 로메인이나 버터헤드 등 부드러운 채소로 대체 가능해요.

6 루꼴라 위에 3에서 만든 속을 듬뿍 올린다.
7 또띠아의 양옆을 가운데로 모으고 비닐랩을 전체적으로 잘 눌러 감싼다.

Note

6분 30초

꿀새우피자

탱글한 새우에 알룰로스의 은은한 단맛, 토마토의 상큼한 맛이
잘 어우러진 레시피예요. 담백함과 달콤함이 잘 어울리는 꿀조합이랍니다.

343kcal 탄수화물 35g | 단백질 32g | 지방 11g | 당류 3g | 식이섬유 8g

재료(1인분)

또띠아 1장(20cm)
칵테일새우 100g
방울토마토 5개
양송이버섯 1개
모차렐라치즈 20g
다진 마늘 ¼큰술
올리브오일 1큰술
알룰로스 1큰술

Note

만드는 방법

1 방울토마토는 반으로 자르고 양송이버섯은 슬라이스 해 준비한다.
2 전자레인지용기에 칵테일새우, 방울토마토, 다진 마늘, 올리브오일을 넣고 섞는다.
3 뚜껑을 닫고 전자레인지에 3분 돌린다(조리 후 나온 국물은 제거).
4 또띠아를 접시에 놓고 전자레인지에 30초 돌린다.
5 또띠아 위에 3을 올린다.
6 양송이버섯과 모차렐라치즈를 차례대로 올리고 전자레인지에 3분 돌린다.

Tip 모차렐라치즈는 최대 30g까지만 활용해요.

7 꿀새우피자 위에 알룰로스를 뿌린다.

고구마양배추피자

달콤한 고구마와 토마토소스의 감칠맛이 어우러진 속세맛 피자!
아삭한 양배추부터 짭조름한 올리브까지 더해 맛을 제대로 살렸어요.

335kcal 탄수화물 46g | 단백질 14g | 지방 11g | 당류 7g | 식이섬유 4g

재료(1인분)

또띠아 1장(20cm)
고구마 70g
양배추 30g
토마토소스 2큰술
블랙올리브 슬라이스 1큰술
양송이버섯 1개
모차렐라치즈 30g

만드는 방법

1 양배추는 채 썰고, 양송이버섯은 슬라이스해 준비한다.
2 고구마를 찐 다음 으깨 또띠아 위에 펴 바른다.
3 고구마 위에 양배추를 올리고 토마토소스를 고르게 펴 바른다.
4 양송이버섯과 블랙올리브 슬라이스를 올린다.
5 모차렐라치즈를 올리고 전자레인지에 3분 돌린다.

Tip

* 고구마를 전자레인지로 찌는 경우 전자레인지용 찜기에 물과 고구마를 넣고 뚜껑을 닫아 7분 이상 돌려요.
* 단백질을 추가하고 싶다면 4번 과정에서 바로 섭취 가능한 닭가슴살을 찢어 올려도 좋아요.

Note

포테이토피자

고탄수+고지방 음식이라 다이어트 중엔 꿈도 못꿨던 포테이토피자!
이젠 베키표 포테이토피자로 맛은 그래도 칼로리는 더 가볍게 만들어 즐겨보세요.

391kcal 탄수화물 34g | 단백질 23g | 지방 18g | 당류 2g | 식이섬유 3g

재료(1인분)

또띠아 1장(20cm)
감자 60g
목살베이컨 60g
토마토퓨레 2큰술
모차렐라치즈 20g
마요네즈 적당량

Note

만드는 방법

1 목살베이컨은 손가락 한 마디 정도 크기로 잘라 준비한다.
2 감자는 껍질을 벗기고 웨지 모양으로 또는 길쭉하게 잘라 준비한다.
3 전자레인지용기에 손질한 감자와 물을 살짝 넣고 뚜껑을 닫은 뒤 전자레인지에 3분 돌린다.
4 또띠아를 전자레인지에 30초 데운 뒤 토마토퓨레를 바른다.
5 모차렐라치즈, 목살베이컨, 감자를 순서대로 올린 다음 전자레인지에 2분 30초 돌린다.
6 포테이토피자 위에 마요네즈를 뿌린다.

Tip

* 모차렐라치즈는 최대 30g까지만 활용해요.
* 저당 스위트콘이나 블랙올리브 슬라이스 등을 추가하면 더 맛있어요.
* 핫소스를 뿌려 먹어도 좋아요.

호르곤졸라

달콤하게 만든 밤호박이 치즈의 짭조름한 맛을 부드럽게 감싸주는 레시피예요.
고르곤졸라피자의 익숙한 조합에 베키표 킥을 추가한 단짠 피자예요.

333kcal 탄수화물 42g | 단백질 12g | 지방 15g | 당류 1g | 식이섬유 8g

재료(1인분)

또띠아 1장(20cm)
밤호박 70g
마요네즈 1큰술
모차렐라치즈 30g
알룰로스 1큰술

만드는 방법

1 밤호박을 씻은 다음 전자레인지용기에 넣는다.
2 뚜껑을 닫고 7분 돌린다.
3 밤호박을 반으로 갈라 씨를 파내고 70g만 사용한다.
4 밤호박과 마요네즈를 섞어 밤호박무스를 만든다.
5 또띠아 위에 밤호박무스를 올린다.
6 5 위에 모차렐라치즈를 전체적으로 골고루 뿌린다.
7 전자레인지에 3분 돌린(치즈가 녹을 때까지) 다음 꺼내서 알룰로스를 뿌린다.

Tip 4번 과정에서 견과류나 저당 스위트콘 또는 양파를 다져 넣으면 더 맛있게 먹을 수 있어요.

Note

머스터드덕랩

기름기는 쏙 빼고, 깻잎과 쌈무로 향과 식감을 살린 담백한 메뉴예요.
훈제오리의 깊은 풍미에 저당 머스터드가 더해진 고단백 저탄수 레시피랍니다.

274kcal 탄수화물 25g | 단백질 23g | 지방 10g | 당류 2g | 식이섬유 1g

재료(1인분)

또띠아 1장
훈제오리 100g
깻잎 10장
쌈무 4장
저당 머스터드 2큰술

만드는 방법

1 훈제오리는 전자레인지용기에 담아 뚜껑을 닫고 4분 돌린다.
2 조리 후 나온 기름은 모두 제거한 후 식힌다.
3 또띠아를 전자레인지에 넣고 1분가량 따뜻하게 데운다.
4 깻잎 10장을 깨끗하게 씻어 물기를 제거한 뒤 또띠아 위에 올린다.
5 깻잎 위에 쌈무를 올린다.
6 2에서 조리한 훈제오리를 쌈무 위에 올린다.
7 저당 머스터드를 뿌린다.
8 또띠아보다 큰 사이즈의 비닐랩을 깔고 또띠아를 먼저 감싼 뒤 비닐랩을 이용해 김밥처럼 힘을 줘 만다.

Tip 매직랩을 사용하는 경우 끈끈한 면이 바닥 쪽에 오도록 놓으면 더 잘 붙어요.

Note

또띠아롤피자

짭짤한 베이컨과 고소한 치즈에 옥수수의 달달한 맛이 더해져 풍성한 맛을 느낄 수 있어요. 간편하면서도 색다르게 즐길 수 있는 저칼로리 피자예요.

243kcal 탄수화물 23g | 단백질 14g | 지방 10g | 당류 2g | 식이섬유 1g

재료(1인분)

또띠아 1장(20cm)
토마토소스 2큰술
목살베이컨 3장
저당 스위트콘 1큰술
블랙올리브 슬라이스 1큰술
모차렐라치즈 25g

만드는 방법

1. 저당 스위트콘과 블랙올리브 슬라이스는 물기를 제거해 준비한다.
2. 또띠아 위에 토마토소스 2큰술을 바른다.
3. 목살베이컨 올리고 스위트콘과 블랙올리브 슬라이스를 올린다.
4. 모차렐라치즈의 ⅓을 올린 후 김밥처럼 또띠아를 말아준다.
5. 또띠아를 김밥처럼 자른 후 접시에 담는다.
6. 5 위에 남은 모차렐라치즈를 뿌린다.
7. 전자레인지에 2분 30초 돌린다.

Tip

* 모차렐라치즈는 최대 30g까지만 활용해요.
* 다진 양파를 조금 넣어도 맛있게 먹을 수 있어요.
* 토마토소스는 무설탕 제품 또는 저당 파스타소스를 사용해요.

Note

치킨크랜베리랩

닭가슴살과 크랜베리에 부담 없는 저당 드레싱을 더해 만든 균형 잡힌 한 끼!
단백질을 듬뿍 챙길 수 있는 가볍지만 든든한 다이어트 랩이에요.

302kcal 탄수화물 28g | 단백질 26g | 지방 10g | 당류 6g | 식이섬유 2g

재료(1인분)

또띠아 1장
닭가슴살 100g
양상추 50g
크랜베리 1큰술
저당 시저드레싱 2큰술

만드는 방법

1 또띠아 한 장을 전자레인지에 1분 돌린다.
2 닭가슴살은 2분 정도 데운 다음 먹기 좋게 결대로 찢어 준비한다.
3 양상추는 깨끗하게 세척 후 물기를 제거한다.
4 비닐랩 위에 또띠아를 올리고 양상추와 닭가슴살을 차례로 올린다.
5 저당 시저드레싱을 뿌리고 크랜베리를 올린다.
6 또띠아 양쪽을 가운데로 모으고 비닐랩을 힘주어 감싼다.

Tip

* 양상추나 로메인 등 쌈채소를 듬뿍 넣으면 맛있어요.
* 닭가슴살 대신 게맛살을 활용해도 좋아요.

Note

ceriz
ceriz

또코노미야키

또띠아와 오코노미야키가 만나 탄생한 레시피예요.
오코노미야키의 달콤하면서도 짭조름한 맛을 그대로 담아냈답니다.

288kcal 탄수화물 27g | 단백질 23g | 지방 12g | 당류 6g | 식이섬유 5g

재료(1인분)

또띠아 1장(20cm)
양배추 100g
닭가슴살소시지 1개
마요네즈 1큰술
저칼로리 데리야키소스 1큰술
가쓰오부시 5g

만드는 방법

1 또띠아를 전자레인지에 1분 돌린다.
2 양배추를 잘게 채 썰어 또띠아 위에 올린다.
3 닭가슴살소시지를 1분 정도 데워 양배추 위에 올린다.
4 마요네즈와 저칼로리 데리야키소스를 뿌린다.
5 가쓰오부시를 올리고 먹기 좋게 접는다.

Tip

* 닭가슴살소시지는 기본 맛이 가장 좋지만 기호에 따라 맛을 변경해도 좋아요.
* 양배추는 깨끗이 씻은 다음 올리브오일과 섞어 전자레인지에 3분 정도 익혀 먹어도 좋아요.

Note

2분 30초

베이컨에그롤

고소한 베이컨과 촉촉한 양배추달걀찜이 잘 어우러져
다양한 맛과 식감을 내는 인기 만점 레시피예요.

284kcal 탄수화물 18g | 단백질 23g | 지방 13g | 당류 4g | 식이섬유 3g

재료(1인분)

또띠아 1장
목살베이컨 50g(3장)
양배추 60g
달걀 2개
저칼로리 케첩 취향껏

만드는 방법

1 또띠아 위에 목살베이컨 3장을 올린 후 전자레인지에 30초 돌린다.
2 달걀 2개를 전자레인지용기에 풀어 달걀물을 만들고 양배추를 잘게 다져 섞은 다음 전자레인지에 2분 돌린다.
3 또띠아보다 큰 사이즈의 비닐랩을 깔고 1을 올린다.
4 2에서 조리한 양배추달걀찜을 베이컨 위에 올린다.
5 저칼로리 케첩을 취향껏 뿌린다.
6 비닐랩을 감싼 후 반으로 자른다.

Tip

* 4번 과정에서 체다치즈를 한 장 넣으면 더 맛있게 먹을 수 있어요.
* 체다치즈 추가 시 영양 성분
324kcal 탄수화물 18g, 단백질 26g, 지방 18g, 당류 4g, 식이섬유 3g

Note

Part 3
면 레시피

다이어터의 주적, 면 요리! 이제 참지 마세요.
얇은 두유면이나 두부곤약면으로 대체하면 일반 음식 맛
그대로 면을 즐길 수 있어요.

Barilla
LINGUINE N°13

잔치국수

두유면으로 속은 편하게, 멸치육수로 국물 맛은 깊게!
든든하면서도 깔끔하게 즐길 수 있답니다.

178kcal 탄수화물 20g | 단백질 12g | 지방 7g | 당류 1g | 식이섬유 8g

재료(1인분)

얇은 두유면 1봉지
애호박 ¼개
달걀 1개
코인육수 멸치맛 1개
(가루육수 대체 가능)
물 350ml

양념 재료

국간장 ⅓큰술
다진 마늘 ⅓큰술
고춧가루 ¼큰술
김가루 취향껏
참기름 약간

만드는 방법

1 전자레인지용기나 그릇에 올리브오일을 살짝 바르고 달걀을 잘 푼다.
2 뚜껑을 덮지 않고 전자레인지에 1분 돌린다.
3 달걀을 떼어낸 후 채 썰어 지단 고명으로 준비한다.

Tip 식힌 후 썰어야 잘 썰려요.

4 얇은 두유면을 물에 한 번 헹구어 전자레인지용기에 담고 물과 코인육수, 채 썬 애호박, 국간장, 다진 마늘을 넣는다.
5 뚜껑을 덮지 않고 전자레인지에 5분 돌린다.
6 만들어 둔 지단과 김가루, 고춧가루를 올린다.

Tip 명란을 좋아한다면 껍질을 제거한 저염백명란을 4번 과정에 넣어서 조리해도 맛있어요. 명란을 넣을 때 국간장은 생략해요.

Note

버섯매운탕칼국수

향긋한 미나리와 풍부한 버섯향, 매콤한 양념이 어우러져 깊고 진한 맛이 나요.
외식 횟수 줄여 주는 고기 칼국수랍니다.

287kcal 탄수화물 33g | 단백질 30g | 지방 11g | 당류 4g | 식이섬유 13g

재료(1인분)

납작두유면 1봉지
대패목살 50g
미나리 50g
느타리버섯 100g
뜨거운 물 400ml

양념 재료

진간장 2큰술
저당 고추장 ⅔큰술
된장 ⅓큰술
다진 마늘 ⅔큰술
알룰로스 4방울
후춧가루 취향껏

Note

만드는 방법

1 미나리와 느타리버섯은 손질해 먹기 좋은 크기로 잘라 준비한다.
2 대패목살은 전자레인지용기에 넣고 뚜껑을 닫아 전자레인지에 5분 돌린다.
3 전자레인지용기에 물에 헹군 납작두유면과 대패목살, 미나리, 느타리버섯을 담는다.
4 양념 재료를 모두 섞어 양념장을 만든 다음 3에 담는다.
5 뜨거운 물을 넣고 전부 골고루 섞는다.
6 전자레인지에 4분 돌린 후 한 번 섞고 추가로 3분 돌린다(총 7분 조리).

Tip

* 대파와 청양고추를 잘게 썰어 넣으면 더 맛있어요.
* 칼국수 국물처럼 조금 더 걸쭉한 느낌을 원하면 5번 과정에 타피오카전분 1/2큰술을 넣고 섞어요.
* 미나리는 많이 넣을수록 맛있어요.

초계국수

무더운 여름 사라진 입맛 살려준 차갑고 새콤한 육수에 두부곤약면과 닭가슴살,
아삭한 오이까지 더해 칼로리는 낮고 시원함은 두 배로 만든 레시피예요.

228kcal 탄수화물 26g | 단백질 25g | 지방 2g | 당류 7g | 식이섬유 6g

재료(1인분)

두부곤약면 1봉지
닭가슴살 100g
오이 ¼개
청양고추 1개
뜨거운 물 300ml

육수 재료

저당 냉면육수(시판용) 300ml
치킨스톡 ⅓큰술
알룰로스 ½큰술
식초 1큰술

만드는 방법

1 닭가슴살을 전자레인지에 2분 정도 돌려 데운 뒤 손가락 두 마디 크기로 길게 자르거나 찢어 준비한다.
2 두부곤약면을 물에 헹구어 전자레인지용기에 담고 면이 잠길 정도로 뜨거운 물을 부어 전자레인지에 3분 돌린다.
3 찬물로 면을 헹군 뒤 면기에 담고 육수 재료를 모두 넣는다.
4 닭가슴살과 채 썬 오이, 청양고추를 올린다.

Tip

* 냉면육수는 당 함유가 낮은 제품으로 선택해야 해요.
* 육수를 미리 만들어 냉동실에 30분 넣어 두면 살얼음 상태가 되어 훨씬 시원하고 맛있게 먹을 수 있어요.
* 저당 냉면육수가 없는 경우 물 300ml에 치킨스톡 1큰술, 간장 1큰술, 식초 1.5큰술, 알룰로스 1큰술, 액젓 1/3큰술을 섞어요(기호에 맞게 식초나 간장을 추가해요).

Note

장칼국수

강원도까지 가지 않아도 맛집 장칼국수 맛을 그대로 느낄 수 있어요.
SNS에서 "우리 집이 강릉이야!" 후기 한 마디로 맛 검증이 끝난 레시피랍니다.

319kcal 탄수화물 28g | 단백질 30g | 지방 11g | 당류 3g | 식이섬유 10g

재료(1인분)

납작두유면 1봉지
애호박 50g
양파 30g
닭가슴살 100g
뜨거운 물 400ml

양념 재료

올리브오일 ½큰술
치킨스톡 ⅔큰술
저당 고추장 ½큰술
된장 ½큰술
고춧가루 ½큰술
국간장 ½큰술

Note

만드는 방법

1 애호박과 양파는 먹기 좋은 크기로 썰어 준비한다.
2 올리브오일을 제외한 양념 재료를 모두 섞어 양념장을 만든다.
3 전자레인지용기에 올리브오일을 두른 뒤 양념장을 고르게 편 다음 전자레인지에 20초 돌린다.
4 조리된 양념장을 골고루 비벼준 후 그 위에 납작두유면, 애호박과 양파, 데운 닭가슴살을 잘게 찢어 담는다.
5 뜨거운 물 400ml를 붓고 골고루 섞는다.
6 전자레인지에 5분 돌린 후 한 번 섞어주고 3분 더 돌린다.

Tip

* 대파와 청양고추를 잘게 썰어 넣으면 더 맛있어요.
* 칼국수 국물처럼 조금 더 걸쭉한 느낌을 원하면 5번 과정에 타피오카전분 1/2큰술을 넣고 섞어요.
* 김가루 혹은 도시락김을 잘게 부수어 올려서 먹으면 더 맛있어요.

닭칼국수

깊고 진한 닭육수에 쫄깃한 두유면이 잘 어울려요.
의외로 푸짐한 맛을 낸답니다.

249kcal 탄수화물 26g | 단백질 30g | 지방 3g | 당류 4g | 식이섬유 7g

재료(1인분)

납작두유면 1봉지
닭가슴살 100g
애호박 30g
당근 20g
부추 10g

양념 재료

진간장 1큰술
치킨스톡 2큰술
다진 마늘 ⅓큰술
뜨거운 물 400ml
후춧가루 취향껏

Note

만드는 방법

1 애호박과 당근, 부추는 손가락 두 마디 길이로 길게 썰어 준비한다.
2 전자레인지에 닭가슴살을 2분 정도 데운 다음 결대로 찢어 준비한다.
3 납작두유면은 물에 한 번 헹군 후 전자레인지용기에 담고 부추를 제외한 애호박, 당근 등 좋아하는 채소를 담는다.
4 뜨거운 물과 양념 재료를 넣고 골고루 섞어 3에 넣는다.
5 뚜껑을 덮지 않은 채 전자레인지에 5분 돌린 다음 섞고 2분 더 돌린다(총 7분 조리).
6 부추를 올리고 후춧가루를 톡톡 뿌린다.

Tip

* 물 대신 사골육수를 활용하면 더 깊은 국물 맛을 낼 수 있어요.
* 칼국수처럼 걸쭉한 국물을 원한다면 4번 과정에서 타피오카전분 1/2큰술을 넣어요.
* 생닭가슴살을 사용하는 경우 전자레인지용기에 닭가슴살을 넣고 뚜껑을 닫아 전자레인지에 5분 돌려요(스팀홀을 열거나 뚜껑을 비스듬하게 닫은 후 조리).

해장파스타

곤약면과 해산물로 탄수화물은 줄이고 단백질, 식이섬유는 채운 칼칼하고 맛있는 해장용 파스타예요. 이제 해장 음식도 날씬하게 먹어요.

266kcal 탄수화물 18g | 단백질 39g | 지방 5g | 당류 5g | 식이섬유 5g

재료(1인분)

두부곤약면 1봉지
칵테일새우 100g
모듬 해물 50g
후춧가루 취향껏

양념 재료

토마토소스 4큰술
다진 마늘 ⅓큰술
고춧가루 ½큰술
간장 ⅓큰술
청양고추 1개
물 50ml

만드는 방법

1 모듬 해물과 칵테일새우는 해동 후 물로 헹구어 준비한다.
2 두부곤약면은 뜨거운 물에 헹구어 물기를 제거한다.
3 전자레인지용기에 두부곤약면, 칵테일새우, 모듬 해물, 청양고추와 양념 재료를 넣는다.
4 뚜껑을 덮지 않고 전자레인지에 6분 돌린다.
5 후춧가루를 뿌려 마무리한다.

Tip

* 국물 양을 늘리고 싶다면 해물육수 또는 물을 더 추가해 조리해요.
* 참기름 2~3 방울 넣어 먹으면 더 맛있어요.
* 기호에 따라 김가루를 뿌려도 좋아요.

Note

명란크림우동

한 끼 식사로도 다이어트 안주로도 즐길 수 있는 메뉴예요.
꾸덕꾸덕 맛있는 크림우동을 만들어 보세요.

347kcal 탄수화물 12g | 단백질 29g | 지방 19g | 당류 2g | 식이섬유 7g

재료(1인분)

넓은 두부곤약면 1봉지
저염백명란 70g
고단백 두유 190ml
달걀노른자 1개
체다치즈 1장

만드는 방법

1 저염백명란은 껍질을 제거해 준비한다.
2 넓은 두부곤약면은 뜨거운 물에 한 번 헹구고 물기를 제거한다.
3 전자레인지용기에 넓은 두부곤약면, 두유, 체다치즈를 넣는다.
4 뚜껑을 덮지 않고 전자레인지에 3분 돌린다.

Tip 두유가 끓으면 넘칠 수 있으니 1분씩 나누어 돌리거나, 넉넉한 크기의 용기를 사용해요.

5 면과 소스를 잘 섞고 저염백명란과 달걀노른자를 올린다.

Tip

* 청양고추나 레드페퍼를 토핑으로 올리면 느끼함을 잡아줘 더 맛있게 먹을 수 있어요.
* 얇은 두부곤약면이나 두유면 등으로 바꾸면 파스타 느낌으로 먹을 수 있어요.

Note

명란마늘종파스타

아삭한 마늘종과 고소한 백명란, 부드러운 마늘 향이 어우러진 저탄수 파스타예요.
짭조름한 감칠맛은 그대로 살리고, 자극적인 재료가 없어 깔끔해요.

312kcal 탄수화물 16g | 단백질 20g | 지방 20g | 당류 0g | 식이섬유 6g

재료(1인분)

두부곤약면 1봉지
저염백명란 100g
마늘종 30g
마늘 5알
올리브오일 1큰술
뜨거운 물 3큰술

만드는 방법

1 저염백명란은 껍질을 벗겨 준비한다.
2 마늘종은 손가락 한 마디 크기로 잘라 준비한다.
3 마늘은 편 썰어 준비한다.
4 전자레인지용기에 올리브오일, 저염백명란, 마늘종, 마늘을 모두 넣고 골고루 섞는다.
5 뚜껑을 닫고 전자레인지에 2분 돌린다.
6 5에 물기를 제거한 두부곤약면과 뜨거운 물 3큰술을 넣고 다시 한 번 골고루 섞은 후 뚜껑을 닫고 1분 돌린다.

Tip

* 부족한 간은 소금으로 대체해요.
* 마늘종 대신 애호박을 넣어 조리해도 맛있어요.
* 매콤한 맛을 좋아하면 레드페퍼나 청양고추를 썰어 4번 과정에 넣어요.

Note

토마토오일파스타

토마토와 마늘의 조합이 산뜻하면서도 깊은 풍미를 더한답니다.
크림 없이도 충분히 고소하고 상큼한 파스타예요.

198kcal 탄수화물 10g | 단백질 5g | 지방 15g | 당류 1g | 식이섬유 6g

재료(1인분)

두부곤약면 1봉지
물 200ml
방울토마토 6개
루꼴라 20g
올리브오일 1큰술
다진 마늘 ¼큰술
파마산치즈가루 적당량
소금 ⅓큰술

Note

만드는 방법

1 방울토마토와 루꼴라는 잘게 다져 준비한다.
2 두부곤약면은 물기를 제거 후 전자레인지용기에 담는다.
3 면이 잠기도록 물을 넣고 전자레인지에 2분 돌린다.
4 찬물에 면을 빠르게 헹구고 물기를 제거한다.
5 두부곤약면과 방울토마토, 루꼴라를 접시에 담는다.
6 다진 마늘, 올리브오일, 파마산치즈가루를 뿌려 골고루 섞는다.
7 소금으로 간을 맞춘다.

Tip

* 곤약면은 바로 먹어도 되지만, 전자레인지에 돌린 후 헹구면 곤약 특유의 냄새를 어느 정도 제거할 수 있어요.
* 단백질이 낮은 식단이니 추가적으로 단백질원을 섭취하는 것을 추천해요.
* 바질을 좋아한다면 6번 과정에 바질페스토 1큰술을 넣어요.

양배추알리오올리오

마늘과 고추의 알싸한 풍미에 양배추의 달큼한 식감까지 더했어요.
곤약면으로 탄수화물은 줄이고 포만감은 살린 저탄수화물 파스타예요.

295kcal 탄수화물 22g | 단백질 6g | 지방 21g | 당류 3g | 식이섬유 8g

재료(1인분)

두부곤약면 1봉지
양배추 70g
마늘 10알
페페론치노 3~4개
다진 마늘 ¼큰술
올리브오일 1.5큰술
치킨스톡 ½큰술
소금 취향껏

만드는 방법

1 양배추는 채 썰고 마늘은 편 썬다. 페페론치노는 2~3등분해서 준비한다.
2 전자레인지용기에 올리브오일, 양배추, 마늘, 다진 마늘, 페페론치노, 치킨스톡을 넣는다.
3 골고루 섞은 후 뚜껑을 닫고 전자레인지에 4분 돌린다.
4 두부곤약면의 물기를 제거한 뒤 3과 섞는다.
5 뚜껑을 덮고 전자레인지에 2분 더 돌린다.
6 소금으로 간을 맞춘다.

Tip

* 단백질을 채우고 싶다면 닭가슴살을 결대로 찢어 2번 과정에 넣고 함께 돌려요.

닭가슴살 100g 추가 시 영양 성분
404kcal 탄수화물 22g, 단백질 28g, 지방 23g, 당류 3g, 식이섬유 8g

* 양배추 대신 알배추를 잘게 썰어 넣어도 맛있어요.

Note

골뱅이소면

한 끼 식사로도 다이어트 안주로도 즐길 수 있는 멀티 메뉴!
매콤새콤 속세맛 그대로 살린 골뱅이소면 레시피예요.

194kcal 탄수화물 33g | 단백질 20g | 지방 1g | 당류 4g | 식이섬유 8g

재료(1인분)

얇은 두유면 1봉지
캔 골뱅이 100g
양파 50g
청양고추 1개
깻잎 10장
뜨거운 물 300ml

양념 재료

저칼로리 비빔장 4큰술

Note

만드는 방법

1 골뱅이는 물기를 제거해 준비한다.

Tip 캔 골뱅이에 담긴 물을 1큰술 따로 빼 두었다가 비빔장과 함께 섞으면 더 맛있어요(당 함량은 조금 올라갈 수 있음).

2 양파와 깻잎은 먹기 좋은 크기로 채 썰어 준비한다.
3 얇은 두유면과 골뱅이를 전자레인지용기에 담는다.
4 3에 내용물이 잠기도록 뜨거운 물을 붓고 전자레인지에 1분 돌린다.
5 얇은 두유면과 골뱅이는 찬물로 헹구고 물기를 제거한다.
6 양파와 깻잎, 골뱅이와 얇은 두유면을 모두 그릇에 담는다.
7 저칼로리 비빔장을 넣고 섞는다.

Tip

* 매운맛을 좋아하면 청양고추 1개를 쫑쫑 썰어 넣어요.
* 비빔장을 넣는 과정에서 들깻가루 1/2큰술을 넣으면 더 고소하고 감칠맛나게 먹을 수 있어요.

칼비빔면

베키표 양념이 돋보이는 매콤새콤한 비빔칼국수예요.
고식이섬유 레시피로 포만감 역시 좋은 레시피랍니다.

217kcal 탄수화물 38g | 단백질 13g | 지방 8g | 당류 3g | 식이섬유 20g

재료(1인분)

납작두유면 1봉지
상추 5장
삶은 달걀 1개
오이 ⅓개
뜨거운 물 200ml

양념 재료

저당 고추장 ½큰술
고춧가루 ½큰술
치킨스톡 ½큰술
다진 마늘 ½큰술
진간장 ½큰술
식초 ½큰술
알룰로스 1.5큰술

Note

만드는 방법

1 오이는 가늘게 채 썰고, 상추는 먹기 좋게 잘라 준비한다.
2 양념 재료를 모두 섞어 양념장을 만든다.
3 납작두유면의 물기를 제거한 후 면이 잠길 정도로 뜨거운 물을 넣는다.
4 전자레인지에 2분 돌리고 찬물로 헹군다.
5 납작두유면과 양념장을 골고루 비빈다.
6 삶은 달걀과 상추, 오이를 올린다.

Tip

* 반숙을 좋아하면 끓는 물에 달걀을 넣고 6분 50초간 끓여요.
* 얇은 두유면이나 두부곤약면과 같은 얇은 면으로 대체하면 비빔국수처럼 즐길 수 있어요.

들기름막국수

나야, 들기름~! 고소한 들기름과 담백한 막국수의 조합!
간단하지만 은은하게 별미랍니다.

250kcal 탄수화물 19g | 단백질 3g | 지방 21g | 당류 0g | 식이섬유 12g

재료(1인분)

발효 곤약메밀면 1봉지
도시락김 1봉지
들깻가루 ½큰술
물 200ml

양념 재료

들기름 1.5큰술
간장 2큰술
알룰로스 1큰술
다진 마늘 ⅓큰술

Note

만드는 방법

1 발효 곤약메밀면을 꺼내 물기를 제거 후 전자레인지용기에 담는다.

Tip 곤약면은 바로 먹어도 좋지만, 전자레인지에 끓인 후 헹구면 곤약 특유의 냄새를 줄일 수 있어요.

2 발효 곤약메밀면이 잠기도록 물을 넣고 전자레인지에 2분 돌린다.

3 찬물에 면을 빠르게 헹구고 물기를 제거한 후 그릇에 담는다.

4 양념 재료를 모두 넣고 섞어 양념장을 만든 다음 발효 곤약메밀면 위에 뿌린다.

5 도시락김을 잘게 부숴 올리고 들깻가루를 뿌린다.

Tip

* 단백질 함량을 채우고 싶다면 낫토 1팩을 올려 먹는 것을 추천해요.

낫토 1팩(44g) 추가 시 영양 성분
331kcal 탄수화물 25g, 단백질 11g, 지방 25g, 당류 0g, 식이섬유 15g

* 지방량이 부담스럽지 않다면 들기름을 2~3큰술로 늘려도 좋고, 달걀노른자를 올리면 더 맛있게 먹을 수 있어요.

ceriz

치즈불닭볶음면

맵부심 있는 다이어터들 다 모여라! 다이어트 중 끊어야 했던
'불닭볶음면'을 치즈까지 넣어 탄단지 완벽하게 즐겨 보세요.

227kcal 탄수화물 15g | 단백질 29g | 지방 9g | 당류 0g | 식이섬유 6g

재료(1인분)
두부곤약면 1봉지
닭가슴살 100g
체다치즈 1장

양념 재료
저당 불닭소스 2큰술

만드는 방법
1 닭가슴살은 전자레인지에 2분 정도 데운 다음 먹기 좋은 크기로 자르거나 결대로 찢어 준비한다.

Tip 생닭가슴살을 사용하는 경우 전자레인지용기에 닭가슴살을 넣고 뚜껑을 닫아 전자레인지에 5분 돌려요(스팀홀을 열거나 뚜껑을 비스듬하게 닫은 후 조리).

2 두부곤약면은 물기를 제거해 준비한다.

3 전자레인지용기에 두부곤약면과 닭가슴살을 담는다.

4 저당 불닭소스를 넣고 골고루 비빈 후 체다치즈를 올린다.

Tip 저당 불닭소스의 양으로 맵기를 조절해요.

5 뚜껑을 덮지 않고 전자레인지에 2분 돌린다.

Note

야키소바

중화면 대신 두부곤약면, 고기 대신 지방이 적은 목살베이컨으로 대신해
일반 요리의 맛은 살리고 칼로리 부담은 확 줄인 백 점짜리 레시피랍니다.

301kcal 탄수화물 20g | 단백질 23g | 지방 17g | 당류 5g | 식이섬유 11g

재료(1인분)

두부곤약면 1봉지
목살베이컨 70g
양배추 80g
숙주 50g
가쓰오부시 5g
올리브오일 1큰술

양념 재료

저칼로리 케첩 1큰술
저당 굴소스 1.5큰술
간장 1큰술
마요네즈 적당량

만드는 방법

1 목살베이컨은 손가락 두 마디 크기로 잘라 준비한다.
2 전자레인지용기에 올리브오일을 골고루 바른다.
3 2에 숙주,양배추, 목살베이컨을 넣고 잘 버무린 다음 전자레인지에 2분 30초 돌린다.
4 두부곤약면을 뜨거운 물에 충분히 헹구어 풀어준다.
5 만들어 둔 양배추볶음에 두부곤약면과 양념 재료를 넣는다.
6 재료를 잘 섞어 전자레인지에 1분 돌린다.
7 마요네즈를 뿌리고 가쓰오부시를 올린다.

Tip

* 청경채나 배추 등 좋아하는 채소로 대체해도 좋아요.
* 두부곤약면 대신 얇은 두유면으로 대체해도 좋아요.

Note

간장국수

참기름 한 큰술에 구수함이, 고춧가루 반 큰술에 입맛이 살아나요.
고소하고 매콤한 양념에 애호박과 닭가슴살까지! 푸짐한 간장국수예요.

295kcal 탄수화물 28g | 단백질 28g | 지방 12g | 당류 2g | 식이섬유 14g

재료(1인분)

얇은 두유면 1봉지
닭가슴살 100g
애호박 ⅓개
뜨거운 물 200ml

양념 재료

참기름 1큰술
소금 한 꼬집
진간장 1큰술
알룰로스 1큰술
고춧가루 ½큰술

만드는 방법

1 애호박은 가늘게 채 썰어 준비한다.
2 닭가슴살은 먹기 좋게 결대로 찢어 준비한다.
3 전자레인지용기에 참기름, 소금, 애호박, 닭가슴살을 모두 넣고 골고루 섞는다.
4 뚜껑을 덮지 않고 전자레인지에 4분 돌린다.
5 얇은 두유면의 물기를 제거한 뒤 4에 넣는다.
6 얇은 두유면이 잠길 정도로 뜨거운 물을 넣고 5분 돌린 다음 찬물로 헹군다.
7 접시에 얇은 두유면을 넣고 진간장, 알룰로스, 고춧가루를 넣고 섞는다.
8 잘 비벼진 국수 위에 4에서 만든 고기꾸미를 올린다.

Tip 달걀노른자나 김가루를 올려 먹으면 더 맛있게 먹을 수 있어요.

Note

꼬꼬애호박국수

한 입 먹어 보고 외식 좋아하는 젊은 친구들이 딱 좋아할 것 같다고 말씀하신 친정 엄마. 양념 부심 있는 베키의 빨간맛 레시피랍니다.

278kcal 탄수화물 35g | 단백질 29g | 지방 4g | 당류 7g | 식이섬유 10g

재료(1인분)

얇은 두유면 1봉지
닭가슴살 땡초맛 100g
양파 ¼개
애호박 ⅓개
소금 ¼큰술
통깨 ½큰술

양념 재료

고춧가루 1큰술
진간장 1.5큰술
치킨스톡 ½큰술
다진 마늘 ½큰술

Note

만드는 방법

1 애호박과 양파는 가늘게 채 썰어 준비한다.
2 닭가슴살도 먹기 좋은 크기로 잘라 준비한다.
3 전자레인지용기에 애호박과 양파를 담고 소금을 넣은 뒤 손으로 조물조물 버무린다.
4 10분간 재운 다음 애호박과 양파가 흐물흐물해지면 닭가슴살을 넣는다.
5 4에 양념 재료를 모두 넣고 골고루 섞는다.
6 뚜껑을 덮고 전자레인지에 3분 돌린다.
7 얇은 두유면을 뜨거운 물에 헹군 후 물기를 제거한다.
8 얇은 두유면을 접시에 올리고 6에서 조리된 고기꾸미를 모두 올린 뒤 통깨를 뿌린다.

Tip

* 닭가슴살 땡초맛이 없는 경우, 양념 없는 닭가슴살을 넣은 다음 양념장에 저당 고추장 1/2큰술과 알룰로스 1큰술, 후추 1/4큰술을 추가해 주세요.
* 닭가슴살은 당류가 적은 제품으로 선택해요.
* 조금 더 맛있는 매콤함을 원하면 알룰로스를 1큰술을 추가해요.

Part 4
특식 레시피

맛있는 토스트와 샌드위치, 매운 음식 등
다이어터들에게 금지된 음식도 마음껏 먹을 수 있어요.
가볍고 맛있는 특식을 만들어 보세요.

길거리토스트

학창 시절 길거리 포장마차에서 먹던 바로 그 햄치즈토스트!
통밀식빵과 등심슬라이스햄을 활용해 담백하고 맛있어요.

401kcal 탄수화물 42g | 단백질 26g | 지방 15g | 당류 9g | 식이섬유 10g

재료(1인분)

통밀식빵 2장
등심슬라이스햄 4장
체다치즈 1장
달걀 2개
양파 ¼개
올리브오일 적당량
로메인이나 상추 취향껏

소스 재료

저칼로리 케첩 취향껏
알룰로스 가루형 취향껏

Note

만드는 방법

1 달걀을 풀어 달걀물을 만들고, 양파를 다져 넣은 다음 잘 섞는다.
2 통밀식빵과 비슷한 크기의 전자레인지용기를 준비해 올리브오일을 얇게 펴 바르고 양파달걀물을 붓는다.
3 뚜껑을 덮지 않고 전자레인지에 3분 돌려 양파달걀찜을 만든다.
4 전자레인지에 물 한 컵을 넣고 접시에 통밀식빵을 담아 30초 돌린다.
5 통밀식빵 위에 치즈를 올린다.
6 치즈 위에 등심슬라이스햄을 올린다.
7 햄 위에 양파달걀찜과 로메인을 올린다.
8 저칼로리 케첩과 알룰로스를 취향껏 뿌린다.
9 나머지 통밀식빵을 덮는다.

Tip

* 통밀식빵은 얇게 썰어져 있는 것을 구매하면 탄수화물과 당 섭취 부담이 줄어요.
* 달걀물에 당근, 대파 등 좋아하는 채소를 잘게 다져 넣으면 맛과 영양을 더할 수 있어요.

머쉬룸오픈토스트

발사믹식초로 조린 양송이버섯에 고소한 버터와 루꼴라를 더해 풍미 가득한 오픈 토스트예요. 가볍게 먹고 싶은 날 분위기까지 살려주는 레시피랍니다.

235kcal 탄수화물 17g | 단백질 5g | 지방 16g | 당류 4g | 식이섬유 2g

* 오픈 토스트 1개 기준

재료(1인분)

통밀바게트 1조각
양송이버섯 4개
루꼴라 10g
무염버터 10g
발사믹식초 1큰술
올리브오일 1큰술

만드는 방법

1 양송이버섯은 4~6등분으로 잘라 준비한다.

2 전자레인지용기에 양송이버섯과 올리브오일, 발사믹식초를 넣고 잘 섞는다.

3 전자레인지용기 뚜껑을 닫은 채로 전자레인지에 5분 돌려 버섯조림을 만든다.

Tip 양송이버섯은 부피가 많이 줄어드니 6~7개까지 조리해도 좋아요.

4 통밀바게트에 올리브오일을 조금만 발라 전자레인지에 30초 돌린다.

5 바게트 한 쪽에 무염버터를 바른다.

6 무염버터 위에 루꼴라를 올린다.

7 루꼴라 위에 버섯조림을 올린다.

Note

아보덕오픈토스트

매콤한 오리고기, 크리미한 아보카도에 수란까지 퐁당!
톡 쏘는 홀그레인으로 느끼함을 잡아 풍미가 두 배예요.

315kcal 탄수화물 18g | 단백질 15g | 지방 20g | 당류 2g | 식이섬유 4g

재료(1인분)

통밀바게트 1조각
아보카도 50g
오리고기 슬라이스 5장
홀그레인 머스터드 ½큰술
크러쉬드 레드페퍼 ¼큰술
달걀 1개
식초 1큰술
물 200ml
올리브오일 약간

Note

만드는 방법

1 오리고기 슬라이스를 엄지손톱 크기로 잘게 잘라 전자레인지에 2분간 돌린다.
2 통밀바게트에 올리브오일을 약간만 바른 뒤 전자레인지에 30초 돌린다.
3 으깬 아보카도, 오리고기 슬라이스, 홀그레인 머스터드, 크러쉬드 레드페퍼를 모두 넣고 섞는다.
4 통밀바게트 위에 3을 올린다.
5 전자레인지용 컵에 물 200ml와 식초 1큰술을 넣고 달걀을 깨서 넣는다.
6 5를 전자레인지에 2분 돌려 수란을 만든다.
7 통밀바게트 위에 수란을 올린다.

Tip 수란을 처음 만든다면 1분 30초 돌린 후 흰자가 익을 때까지 나누어 돌리세요.

토마토바질오픈토스트

상큼한 토마토 그릭요거트와 향긋한 바질페스토의 만남!
달콤하면서도 깔끔한 맛으로 기분 좋게 먹을 수 있는 토스트예요.

166kcal 탄수화물 21g | 단백질 5g | 지방 8g | 당류 5g | 식이섬유 5g

재료(1인분)

통밀바게트 1조각
방울토마토 3개
그릭요거트 50g
바질페스토 1큰술
알룰로스 ½큰술
올리브오일 약간

만드는 방법

1 방울토마토는 잘게 다져 준비한다.
2 그릭요거트, 알룰로스, 다진 방울토마토를 잘 섞어 토마토 그릭을 만든다.
3 통밀바게트에 올리브오일을 조금 바른 뒤 전자레인지에 30초 돌린다.
4 통밀바게트에 바질페스토를 바른다.
5 4 위에 토마토그릭을 올린다.

Note

타마고산도

부드러운 달걀과 다소 거친 통밀식빵이 만난 식감이 재미있는 일본식 샌드위치.
아침 식사 대용이나 아이들 간식으로도 좋아요.

415kcal 탄수화물 43g | 단백질 23g | 지방 15g | 당류 9g | 식이섬유 4g

재료(1인분)

통밀식빵 2장
달걀 2개
매일두유 99.9 ½팩
스테비아 ½큰술
소금 1작은술

소스 재료

저칼로리 머스터드 ½큰술
마요네즈 ½큰술

만드는 방법

1 통밀식빵과 비슷한 크기의 전자레인지용기를 준비한다.
2 전자레인지용기에 달걀을 잘 풀고 두유를 섞는다.
3 스테비아와 소금을 넣어 간을 맞춘다.
4 뚜껑을 덮지 않고 전자레인지에 5분 돌려 달걀찜을 만든다.
5 통밀식빵 한 쪽에는 저칼로리 머스터드를 바르고, 다른 한 쪽에는 마요네즈를 바른다.
6 달걀찜을 통밀식빵 사이에 넣는다.

Tip 기호에 따라 고명으로 고추냉이를 살짝 올려요.

Note

소시지주머니빵

주머니 속 건강을 꽉 채운 고단백 레시피! 닭가슴살, 달걀, 채소 조합에
약간의 탄수화물도 챙긴 훌륭한 샌드위치예요.

337kcal 탄수화물 39g | 단백질 26g | 지방 8g | 당류 4g | 식이섬유 2g

재료(1인분)

피타브레드 1개
닭가슴살소시지 1개
달걀 1개
토마토 ½개
양상추 2장
스리라차 취향껏

만드는 방법

1 전자레인지에 피타브레드를 30초 데운다.
2 닭가슴살소시지를 전자레인지에 1분 돌린다.
3 원형 전자레인지용기에 올리브오일을 바르고 달걀을 잘 푼 다음 1분 돌린다.
4 토마토는 슬라이스해 준비한다.
5 피타브레드에 양상추, 토마토, 달걀, 닭가슴살소시지를 순서대로 넣는다.
6 스리라차를 취향껏 뿌린다.

Tip

* 조금 더 풍미있게 즐기고 싶다면 스리라차, 마요네즈, 알룰로스를 2:1:1 비율로 섞어 뿌려 먹어요.
* 양상추 외에 좋아하는 채소를 넣어도 좋아요.
* 닭가슴살소시지 대신 닭가슴살, 크래미 등을 넣어도 돼요.

Note

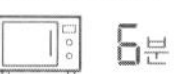

불고기바게트

양념한 불고기와 채소, 고소한 치즈를 호기브레드에 담은 샌드위치예요.
간단하지만 단백질과 영양을 꽉 채운 한 끼 식단으로도 훌륭해요.

390kcal 탄수화물 41g | 단백질 25g | 지방 16g | 당류 4g | 식이섬유 8g

재료(1인분)

호기브레드 1개
소고기(불고기용) 70g
체다치즈 1장
양상추 30g
물 100ml

양념 재료

진간장 1큰술
알룰로스 1큰술
다진 마늘 ⅓큰술
참기름 ⅓큰술
후추 톡톡

만드는 방법

1 소스 재료를 모두 섞어 소스를 만든다.
2 전자레인지용기에 소고기와 소스를 넣고 버무린다.
3 뚜껑을 닫고 전자레인지에 5분간 돌린다.
4 전자레인지용 접시에 호기브레드를 올린 다음 물이 담긴 컵을 전자레인지에 함께 넣고 1분간 돌린다.
5 호기브레드를 길게 반으로 갈라 양상추와 체다치즈를 올린다.
6 체다치즈 위에 3에서 만들어 둔 양념 불고기를 올리고 빵을 덮는다.

Tip 기호에 따라 양념에 다진 양파나 피클을 추가해도 좋아요.

Note

통새우바게트

탱글한 새우와 방울토마토의 조합이 상큼하고 담백해요. 가볍게 즐기면서 단백질은 든든하게 채울 수 있는 균형 잡힌 바게트 샌드위치랍니다.

366kcal 탄수화물 32g | 단백질 34g | 지방 10g | 당류 4g | 식이섬유 2g

재료(1인분)

호기브레드 1개
방울토마토 6개
새우살 100g
루꼴라 30g
고다치즈 1장
물 100ml

소스 재료

올리브오일 1큰술
다진 마늘 ½큰술
소금 약간
후추 적당히

Note

만드는 방법

1 전자레인지용 접시에 호기브레드를 올린다.
2 호기브레드와 물이 담긴 컵을 전자레인지에 함께 넣고 1분 돌린다.
3 방울토마토는 반으로 잘라 준비한다.
4 전자레인지용기에 새우살, 방울토마토, 소스 재료를 넣고 섞은 다음 뚜껑을 닫고 전자레인지에 3분 돌린다.
5 호기브레드를 길게 가르고 치즈를 올린다.
6 루꼴라를 올리고 식힌 방울토마토를 올린다.
7 새우를 가지런히 올리고 빵을 덮는다.

Tip

* 통밀빵이나 캄파뉴 등에 올려 오픈토스트로 즐겨도 좋아요.
* 빵을 에어프라이어 200도에서 10분 조리하면 더 바삭해요.

햄치즈바게트

과정은 간단하지만 포만감은 확실해요. 짠맛과 고소함의 균형이 좋아요.
다이어트 중에도 만족스러운 한 끼로 충분하답니다.

335kcal 탄수화물 40g | 단백질 23g | 지방 10g | 당류 1g | 식이섬유 4g

재료(1인분)

호기브레드 1개
하바티치즈 1장
홀머슬햄 50g
루꼴라 30g
물 100ml

소스 재료

홀그레인 머스터드 1큰술
알룰로스 1큰술
마요네즈 1큰술

만드는 방법

1 전자레인지용 접시에 호기브레드를 올린다.
2 호기브레드와 물이 담긴 컵을 전자레인지에 함께 넣고 1분 돌린다.
3 소스 재료를 모두 섞어 소스를 만든다.
4 호기브레드를 길게 반으로 갈라 소스를 바른다.
5 소스 위에 루꼴라, 하바티치즈, 홀머슬햄을 순서대로 올리고 나머지 호기브레드 반쪽을 덮는다.

Tip

* 발사믹소스에 살짝 찍어 먹으면 훨씬 맛있어요.
* 홀머슬햄 대신 고단백, 저지방 슬라이스햄 종류로 대체 가능해요.
* 루꼴라 대신 양상추, 로메인 등 다른 잎채소를 활용해도 좋아요.
* 빵을 에어프라이어 200도에서 10분 조리하면 더 바삭해요.

Note

땅콩샌드

201kcal 탄수화물 30g | 단백질 9g | 지방 8g
당류 4g | 식이섬유 8g

재료(1인분)

통밀식빵 2장 | 무설탕 땅콩버터 1큰술
그릭요거트 50g | 알룰로스 ½큰술 | 물 100ml

만드는 방법

1 땅콩버터와 그릭요거트, 알룰로스를 골고루 섞어 땅콩그릭을 만든다.
2 통밀식빵을 전자레인지에 물 반 컵과 함께 30초간 돌린다.
3 통밀식빵 한 장을 내려 놓고 가운데 땅콩그릭을 올린다.
4 나머지 통밀식빵을 덮은 다음 식빵과 딱 맞는 크기의 동그란 밥그릇을 준비한다.
5 땅콩그릭을 올린 부분이 밥그릇 테두리에 겹치지 않도록 밥그릇을 엎어 통밀식빵 중앙을 꾹 눌른다.

Tip 밥그릇으로 샌드 모양으로 만들지 않고 식빵에 땅콩그릭을 바르고 반으로 접어 먹어도 돼요.

땅콩라테

215kcal 탄수화물 15g | 단백질 14g | 지방 15g
당류 2g | 식이섬유 11g

재료(1인분)

무설탕 땅콩버터 1큰술 | 매일두유 99.9 1팩
소금 또는 알룰로스 취향껏

만드는 방법

1 블랜더에 두유 한 팩과 땅콩버터를 넣는다.
2 30초 정도 잘 섞이도록 갈아준다.
3 소금이나 알룰로스를 넣어 입맛에 맞게 간을 맞춘다.

Tip 두유 대신 아몬드음료나 우유를 활용해도 좋지만 당이나 단백질 함량이 달라질 수 있어요.

Note

밤호박버터빵

설탕 대신 알룰로스, 밀가루 대신 달걀로 쫀쫀하게 만든 빵이에요.
포만감 있게 즐기는 저당, 고영양 간식으로 추천해요.

238kcal 탄수화물 33g | 단백질 10g | 지방 9g | 당류 1g | 식이섬유 8g
* 한 조각 기준

재료(2인분)

밤호박 250g
달걀 2개
알룰로스 2큰술
무염버터 10g
소금 한 꼬집

만드는 방법

1 밤호박을 깨끗하게 씻은 뒤 전자레인지용기에 담는다.
2 뚜껑을 닫고 전자레인지에 7분 돌린다.
3 밤호박을 한 김 식힌 다음 반으로 잘라 씨를 파내고 으깬다(토핑용으로 1~2조각 슬라이스해 준비).
4 원하는 모양의 전자레인지용기에 으깬 밤호박과 달걀, 알룰로스, 무염버터, 소금을 넣는다.
5 토핑용 밤호박을 4번 반죽 위에 올린다.
6 잘 섞은 후 뚜껑을 덮지 않고 전자레인지에 6분 돌린다.

Tip 밤호박 대신 고구마나 단호박, 감자 등을 활용해도 맛있어요.

Note

피넛버터브레드

글루텐 프리&저당 라이프를 위한 든든한 전자레인지 베이킹이에요.
밀가루, 설탕 없이도 맛이 일품이랍니다.

48kcal 탄수화물 3g | 단백질 2g | 지방 3g | 당류 0g | 식이섬유 3g
* 한 조각 기준

재료(1인분)
무설탕 땅콩버터 3큰술
달걀 2개
알룰로스 2큰술
베이킹파우더 ½작은술

만드는 방법
1 원하는 빵 모양의 전자레인지용기를 준비한다.
2 전자레인지용기에 무설탕 땅콩버터와 달걀, 알룰로스, 베이킹파우더를 넣고 골고루 섞는다.
3 뚜껑을 덮지 않고 전자레인지에 4분 30초 돌린다.

Tip 크런치 땅콩버터를 활용하거나 땅콩을 으깨 반죽에 넣으면 오독오독 재밌는 식감의 땅콩빵을 만들 수 있어요.

Note

꼬꼬땅콩냉채

상큼함, 고소함, 식감까지 완벽한 조합을 이루어요.
손님상에 올리면 감탄 먼저 나오는 집들이용 다이어트 레시피랍니다.

258kcal 탄수화물 11g | 단백질 28g | 지방 10g | 당류 5g | 식이섬유 4g

재료(1인분)

닭가슴살 100g
오이 ½개
미니파프리카 3개
양배추 70g

소스 재료

무설탕 땅콩버터 1큰술
진간장 2큰술
사과식초 2큰술
알룰로스 1큰술
연겨자 ½큰술
다진 마늘 1큰술

만드는 방법

1 오이와 미니파프리카, 양배추는 모두 가늘게 채 썰어 준비한다.
2 닭가슴살은 데우거나 삶은 다음 결대로 찢어 준비한다.

Tip 생닭가슴살 사용 시 먹기 좋은 크기로 잘라 전자레인지에 넣고 뚜껑을 닫은 후 5분 돌려요.

3 소스 재료를 모두 섞어 땅콩소스를 만든다.
4 오이와 미니파프리카를 접시에 깐다.
5 그 위에 양배추와 닭가슴살을 올린 다음 땅콩소스를 뿌린다.

Note

ceriz.

밤호박샐러드

밤양갱 못지 않게 고소하고 달달한 밤호박!
그냥 먹어도 맛있고, 샌드위치로 만들어도 좋아요.

173kcal 탄수화물 30g | 단백질 3g | 지방 8g | 당류 1g | 식이섬유 8g

재료(1인분)

밤호박 100g
저당 콘옥수수 1큰술
아몬드 2알
마요네즈 1큰술
알룰로스 1큰술

만드는 방법

1 아몬드는 편 썰거나 으깨서 준비한다.
2 밤호박을 깨끗하게 씻어 전자레인지용기에 넣고 뚜껑을 닫은 다음 7분간 돌린다.
3 밤호박을 식힌 뒤 반으로 잘라 씨앗을 파내고 으깬다.
4 그릇에 으깬 밤호박과 다른 재료를 넣고 섞는다.

Tip 고구마나 단호박, 감자 등 제철에 나는 구황작물을 활용해도 좋아요.

Note

마라샹궈

저당 마라소스로 만든 마라샹궈! 이제 더 건강하게 즐길 수 있어요.
화끈한 맛은 살리고 부담은 덜어낸 채소 듬뿍 다이어트 마라맛을 즐겨보세요.

394kcal 탄수화물 32g | 단백질 20g | 지방 22g | 당류 5g | 식이섬유 15g

재료(1인분)

대패목살 60g
알배추 4장
숙주 50g
청경채 30g
목이버섯 30g
마늘 3알
페페론치노 4개
올리브오일 1큰술

양념 재료

저당 마라소스 2큰술
저당 굴소스 1.5큰술
스리라차 1큰술

Note

만드는 방법

1 대패목살을 전자레인지용기에 담고 뚜껑을 닫아 5분 조리해 준비한다.
2 크기가 넉넉한 전자레인지용기에 올리브오일, 편 썰기한 마늘, 페페론치노를 넣은 다음 뚜껑을 닫고 1분 돌린다.
3 먹기 좋은 크기로 자른 알배추, 청경채, 숙주, 목이버섯과 대패목살을 넣는다.
4 3에 양념 재료를 모두 넣고 버무린다.
5 뚜껑을 닫고 전자레인지에 4분 돌린다.

Tip

* 4번 과정에서 채소 부피가 커서 양념을 버무리기 어렵다면 양념을 넣지 않고 전자레인지에 먼저 3분 돌려요. 채소의 숨이 죽어 부피가 줄면 쉽게 버무릴 수 있어요.
* 레시피에 적힌 재료 외에도 팽이버섯, 푸주 등 좋아하는 마라샹궈 재료를 넣어 조리하면 맛있어요.

ceriz
ceriz

엽기어묵볶이

당은 확 줄이고 순살어묵과 닭가슴살 비엔나소시지로 단백질은 채운 고단백 레시피예요. 매운 음식 포기 못하는 다이어터에게 최고예요.

354kcal 탄수화물 47g | 단백질 23g | 지방 12g | 당류 8g | 식이섬유 11g

재료(1인분)

순살어묵 100g
닭가슴살 비엔나소시지 70g
양배추 50g
물 200ml

양념 재료

저당 고추장 1작은술
고춧가루 2작은술
카레가루 1.5작은술
치킨스톡 1작은술
스테비아 2작은술
알룰로스 2작은술
후추 취향껏

만드는 방법

1 양배추와 순살어묵을 먹기 좋은 크기로 잘라 준비한다.
2 양념 재료를 섞어 양념장을 만든다.
3 전자레인지용기에 순살어묵, 닭가슴살 비엔나소시지, 양배추, 물, 양념장을 넣고 섞는다.
4 뚜껑을 덮지 않고 전자레인지에 5분 돌린다.
5 전자레인지용기를 꺼내 전체적으로 한 번 섞어준다.
6 뚜껑을 덮지 않고 7분 더 돌린다(총 12분 조리).

Tip

* 삶은 달걀을 함께 먹으면 단백질을 더 보충할 수 있어요.
* 어묵은 밀가루가 적고 어묵 함량이 80% 이상인 제품을 선택해요.

Note

콩나물해물찜

고단백 저지방 식품인 해산물과 식이섬유가 풍부한 콩나물의 완벽한 만남.
저당 양념으로 부담은 줄이고 영양가는 높게, 맛은 그대로 살린 해물찜이에요.

338kcal 탄수화물 41g | 단백질 36g | 지방 11g | 당류 7g | 식이섬유 18g

재료(1인분)

새우살 70g
모듬 해물 100g
콩나물 50g
물 50ml

양념 재료

저당 고추장 ½큰술
다진 마늘 ⅔큰술
알룰로스 1큰술
맛술 ½큰술
진간장 2큰술
고춧가루 1.5큰술
타피오카전분 ½큰술
올리브오일 ⅓큰술

만드는 방법

1 새우살과 모듬 해물은 해동한 뒤 찬물에 헹구어 비린내를 제거한다.
2 콩나물은 깨끗하게 씻어 물기를 제거한다.
3 양념 재료를 섞어 양념장을 만든다.
4 전자레인지용기에 새우살, 모듬 해물, 콩나물, 양념장, 물을 넣는다.
5 전체적으로 잘 섞은 뒤 뚜껑을 덮고 5분 돌린다.

Tip

* 새우살 대신 순살 아구 등 좋아하는 해산물로 대체해도 좋아요.
* 미나리 한 줌을 넣어 먹으면 훨씬 맛있어요.

Note

마녀수프

다이어터라면 누구나 한 번쯤 도전해보는 마녀수프!
많이 만들어 남기지 말고 1인분씩 만들어 그때그때 먹어요.

204kcal 탄수화물 19g | 단백질 13g | 지방 8g | 당류 6g | 식이섬유 4g

재료(1인분)

소고기다짐육 50g
감자 50g
양배추 70g
방울토마토 5개
토마토퓨레 3큰술
물 150ml
치킨스톡 1큰술
다진 마늘 ½큰술
소금 약간
후춧가루 취향껏

만드는 방법

1 감자는 아주 작은 크기로 깍둑썰기해 준비한다.
2 양배추는 먹기 좋은 크기로 자른다.
3 방울토마토는 반으로 자른다.
4 전자레인지용기에 소금과 후춧가루를 제외한 재료를 넣고 잘 섞는다.
5 뚜껑을 살짝 덮은 후 전자레인지에 8분 돌린다.
6 꺼내어 감자 익힘 정도를 확인한 후 1~2분 더 돌린다.
7 소금과 후춧가루로 간을 맞춘다.

Tip

* 소고기다짐육 대신 두부나 닭가슴살을 넣어도 좋아요.
* 전날 만들어 두고 다음 날 데워 먹으면 더 깊은 맛을 느낄 수 있어요.
* 더 든든하게 먹고 싶다면 4번 과정에서 삶은 달걀을 넣거나 6번 과정에서 치즈를 추가해도 좋아요.

Note

자주 쓰는 전자레인지 용기

1 리빙크리에이터 지켜텐

4면이 완전히 맞아떨어지는 실리콘패킹으로 밀폐력이 강해 도시락용기로도 좋아요. 스테인리스강 소재로 냄새나 색 배임 없이 위생적이랍니다. 연마제를 제거하지 않아도 돼서 편리해요. 560ml와 1100ml 용량이 조리하기도 편하고 반찬통으로도 좋아요.

2 리빙크리에이터 푸쉬락

안전하고 가벼운 백금 실리콘 소재의 전자레인지용기예요. 뚜껑에 스팀홀이 있어 촉촉하게 조리가 가능해요. 900ml 하나로 이 책에 나오는 모든 레시피를 만들 수 있어요. 3단 폴딩으로 수납도, 휴대도 최고예요.

3 전자레인지용 찜기

퍼기의 이중 스팀 촉촉 찜기나 실리샵 조약돌 찜기 제품을 많이 사용하고 있어요. 채소나 구황작물을 찔 때는 물론 다른 대용량 찜 요리나 2~3인분 요리까지 가능해서 자주 쓰고 있답니다.

4 나인웨어 퓨어 시리즈

환경호르몬이 발생하지 않는 친환경 소재로 만들어서 안심하고 사용하고 있어요. 전자레인지(100도 이하), 식기세척기 사용이 가능해 편하면서, 음식을 담기만 해도 예쁘고 기분 좋아서 손이 자주 가는 제품이에요. 원형은 오트밀밥, 사각은 파스타용으로 쓰고 있어요.

에필로그

처음 SNS에 다이어트 식단을 기록하기 시작했을 때, 이렇게 많은 사람들이 내 레시피에 관심을 가질 거라고는 생각하지 못했다. 단순히 내가 먹기 위해 만든 요리들이었고, 그 과정에서 몸이 가벼워지고 건강을 되찾으며 느낀 기쁨을 나누고 싶었을 뿐이었다. 하지만 점점 더 많은 사람이 "어떻게 하면 꾸준히 할 수 있을까요?", "전자레인지만으로도 이렇게 다양한 요리가 가능하네요!"라며 응원과 질문을 보내왔고, 그때 깨달았다.

다이어트 식단을 꾸준히 하려면 만들기 쉽고 맛있어야 한다는 사실.

이 책을 만들면서 다시 한번 내 다이어트 여정을 돌아보았다. 단기간 체중 감량만을 목표로 했던 과거의 나, 극단적인 식단으로 몸을 혹사시켰던 시간들, 건강 문제로 인해 비로소 제대로 된 다이어트를 결심했던 순간까지. 다이어트는 단순히 '살을 빼는 과정'이 아니라, 내 몸을 진짜 건강하게 만들어가는 과정임을 깨닫게 되었다.

그리고 무엇보다 중요한 건 '균형 잡힌 식단'이라는 점이었다. 단백질만 먹고 극단적으로 탄수화물을 끊는 식단은 지속할 수 없다. 탄수화물, 단백질, 지방, 식이섬유가 조화롭게 배합된 식단, 거기에 맛까지 더한 요리여야지 오래 지속할 수 있다.

전자레인지는 단순히 '빠르게 조리하는 도구'가 아니라, 시간이 부족한 현대인에게 지속 가능한 건강한 식습관을 만들어 주는 도구가 될 수 있다. 나처럼 혼자 식사해야 하는 사람들, 바쁜 직장인, 육아로 인해 요리할 시간이 부족한 부모들까지……. 이 책이 많은 사람들의 건강한 한 끼를 책임질 수 있기를 바란다.

앞으로도 꾸준히 더 맛있고 간편한 건강 레시피를 연구하며, 많은 사람에게 도움이 될 수 있는 콘텐츠를 만들어 나갈 생각이다. 독자분들의 건강한 다이어트를 응원하며, 함께 지속 가능한 식습관을 만들어 갔으면 한다.

이 책을 읽어준 모든 분들께 진심으로 감사드린다. 느려도 괜찮다. 쉬어가도 괜찮다. 중요한 건 무너지지 않고 다시 시작하는 것, 그리고 꾸준히 나아가는 것이다. 방향이 맞다면, 결국 원하는 곳에 도착하게 된다. 당신의 건강한 변화가 시작되는 순간, 나는 언제나 곁에서 응원할 것이다.

찾아보기

ㄱ

ㄷ

ㄹ

ㅁ

ㅂ

ㅅ

베키의 살 빠지는
전자레인지 레시피

초판 1쇄 발행 2025년 5월 30일

지은이 베키(김현경)
펴낸이 김영조
편집 김시연, 조연곤 | **디자인** 정지연 | **마케팅** 김민수, 강지현 | **제작** 김경묵 | **경영지원** 정은진
외부스태프 디자인 이병옥 | 사진 이과용, 류주엽(15스튜디오) | 푸드 스타일링 박선영
펴낸곳 싸이프레스 | **주소** 서울시 마포구 양화로7길 44, 3층
전화 (02)335-0385 | **팩스** (02)335-0397
이메일 cypressbook1@naver.com | **홈페이지** www.cypressbook.co.kr
블로그 blog.naver.com/cypressbook1 | **포스트** post.naver.com/cypressbook1
인스타그램 싸이프레스 @cypress_book | 싸이클 @cycle_book
출판등록 2009년 11월 3일 제2010-000105호

ISBN 979-11-6032-249-1 13590